普通高等教育“十四五”系列教材

《AutoCAD与Revit工程应用教程》上机实验指导

主 编 张 梅 代 彬

副主编 吴鑫淼 李秀梅 冉彦立 任小强

中国水利水电出版社

www.waterpub.com.cn

·北京·

内 容 提 要

本书共包含17个实验，实验内容涵盖AutoCAD二维平面、三维立体图形的绘制以及Revit三维模型的创建，各实验的选择及安排与教材《AutoCAD与Revit工程应用教程》完全同步，其中，实验一～实验四、实验六～实验八、实验十二～实验十七适合土木工程、水利类、给水排水工程等专业；实验九适合土木工程专业；实验五、实验十适合水利类专业；实验十一适合给水排水工程专业。

本书除可作为高校水利水电工程、土木工程、给水排水工程及相关专业的实践环节用书外，还可作为高职、高专、社会培训以及土木建筑、水利、给水排水等专业的工作人员的工程实践用书，也可作为BIM爱好者参考用书。

图书在版编目（CIP）数据

《AutoCAD与Revit工程应用教程》上机实验指导 / 张梅，代彬主编. -- 北京 : 中国水利水电出版社，2023.9
普通高等教育"十四五"系列教材
ISBN 978-7-5226-1535-6

Ⅰ. ①A… Ⅱ. ①张… ②代… Ⅲ. ①建筑设计－计算机辅助设计－应用软件－高等学校－教学参考资料 Ⅳ. ①TU201.4

中国国家版本馆CIP数据核字(2023)第097782号

书　　名	普通高等教育"十四五"系列教材 **《AutoCAD与Revit工程应用教程》上机实验指导** 《AutoCAD YU Revit GONGCHENG YINGYONG JIAOCHENG》SHANGJI SHIYAN ZHIDAO
作　　者	主　编　张　梅　代　彬 副主编　吴鑫森　李秀梅　冉彦立　任小强
出版发行	中国水利水电出版社 （北京市海淀区玉渊潭南路1号D座　100038） 网址：www.waterpub.com.cn E-mail：sales@mwr.gov.cn 电话：(010) 68545888（营销中心）
经　　售	北京科水图书销售有限公司 电话：(010) 68545874、63202643 全国各地新华书店和相关出版物销售网点
排　　版	中国水利水电出版社微机排版中心
印　　刷	天津嘉恒印务有限公司
规　　格	184mm×260mm　16开本　7.25印张　176千字
版　　次	2023年9月第1版　2023年9月第1次印刷
印　　数	0001—2000册
定　　价	**30.00元**

前　言

随着计算机技术在各行各业的普及应用，计算机制图已成为工科类学生的一项必备技能。

AutoCAD 是计算机绘图的主要教学软件，要求学生熟练掌握。但是，随着设计理念的变革，建筑信息模型（building information modeling，BIM）在工程设计中的广泛应用正在引领土木、水利、建筑等行业进行一次史无前例的变革。突出 AutoCAD 及 BIM 软件的实用性无疑是教学实践中一个重要的教学理念。上机实验、实习是掌握其应用最有效的手段和方法，一本得心应手的上机实验指导书，对计算机辅助设计课程的教学具有重要意义，在大力提倡高校教材（含实验、实习教材）建设的今天更显得尤为重要。

本书实验内容与专业相结合，可满足土木工程、水利工程、给水排水工程等多个专业使用要求，教师可为不同专业选择不同实验进行实践操作。同时，为方便学习，将实验内容录制成教学视频，并制作二维码，可随时扫码观看。本书可作为工科类本科院校、职教类院校的教材使用，同时也满足工程技术人员进修学习的需求。

本书实验内容的选择和安排与《AutoCAD 与 Revit 工程应用教程》（以下简称教材）完全同步，共设计实验 17 个，考虑到不同学校、不同专业、不同课时的教学实际，每个实验所包含图形数量都略多于本书建议学时的要求，以便于教师根据具体情况选择适当的图形进行教学，同时也为时间较充裕的学生提供了合适的练习题目。

各实验与教材对应章节及实验教学上机时数分配建议如下（50～60 学时的实验＋1～2 周的实习）。

实验编号	教材章节	上机时数
实验一	绪论、第一章（适用于土木工程、水利类、给水排水工程专业）	2
实验二	第二章（适用于土木工程、水利类、给水排水工程专业）	2
实验三	第三章（适用于土木工程、水利类、给水排水工程专业）	2
实验四	第一章～第三章（适用于土木工程、水利类、给水排水工程专业）	2
实验五	第一章～第三章（适用于水利类专业）	2
实验六	第四章（适用于土木工程、水利类、给水排水工程专业）	2
实验七	第四章（适用于土木工程、水利类、给水排水工程专业）	2
实验八	第五章（适用于土木工程、水利类、给水排水工程专业）	2
实验九	第四章、第五章、第七章、第八章（适用于土木工程专业）	4
实验十	第四章、第五章、第七章、第八章（适用于水利类专业）	4
实验十一	第四章、第五章、第七章（适用于给水排水工程专业）	2
实验十二	第八章（适用于土木工程、水利类、给水排水工程专业）	4
实验十三	第九章、第十章（适用于土木工程、水利类、给水排水工程专业）	4
实验十四	第十章（适用于土木工程、水利类、给水排水工程专业）	6
实验十五	第十章（适用于土木工程、水利类、给水排水工程专业）	6
实验十六	第十章（适用于土木工程、水利类、给水排水工程专业）	6
实验十七	第十二章（适用于土木工程、水利类、给水排水工程专业）	2

注 表中学时分配仅供参考，各学校可根据教学实际合理调整教学时数。

参与本书编写的有河北农业大学张梅（前言、实验四、实验九、实验十二），河北农业大学吴鑫淼［实验八、实验十、实验十三、实验十四（钢筋部分）］，河北农业大学李秀梅（实验一、实验三、实验五、实验六、实验十一），河北农业大学冉彦立（实验二、实验七），河北农业大学代彬（实验十四～实验十七）。张梅、代彬任主编，吴鑫淼、李秀梅、冉彦立、任小强任副主编。

由于时间紧迫，加上编者水平有限，不妥之处在所难免，恳请各位读者批评指正。

编者

2023 年 3 月

目　录

实验一

绘图入门

一、实验目的

1. 熟悉 AutoCAD 2018 工作界面并进行设置。

2. 掌握图形文件的新建、打开等基本操作。

3. 了解设置绘图环境如单位、精度、图形界限和坐标系等的方法。

4. 熟练运用辅助绘图工具（栅格、捕捉、正交等）绘制图形。

二、实验内容

1. 进行软件基本操作和文件管理；熟悉不同的工作界面，说出【草图与注释】工作界面各主要组成部分的名称。学会设置绘图环境（单位、精度和图形界限）。

2. 利用绝对直角坐标绘制图形 *ABCDEFGHIJ*，如图 1-1 所示。各点坐标为：*A*（10，10），*B*（1510，10），*C*（2010，1510），*D*（2510，10），*E*（4010，10），*F*（2810，－990），*G*（3410，－2590），*H*（2010，－1490），*I*（610，－2590），*J*（1210，－990）。

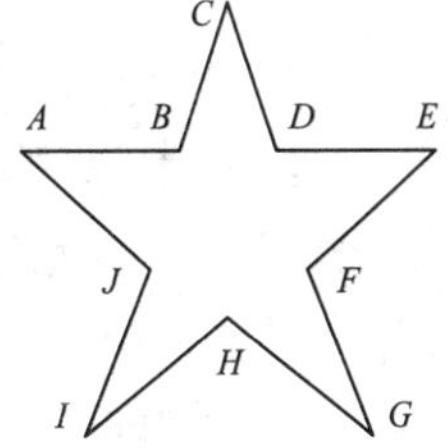

图 1-1　利用绝对直角坐标绘制图形

3. 利用相对坐标完成图 1-2 的绘制。

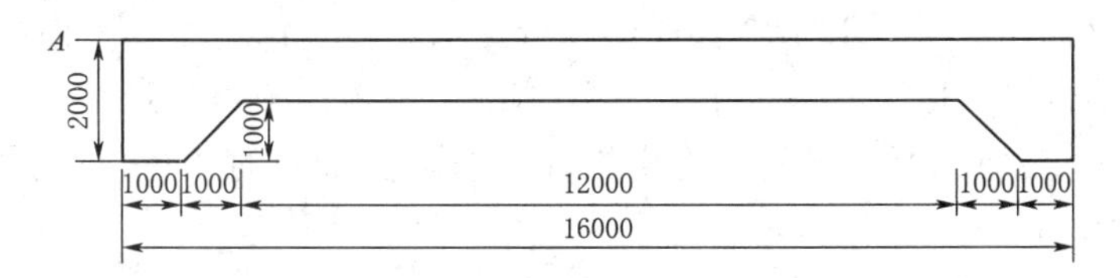

图 1-2　利用相对坐标绘制图形

4. 利用对象捕捉功能完成图 1-3 的绘制。

5. 分别利用相对极坐标和极轴追踪功能两种方式完成图 1-4 的绘制。

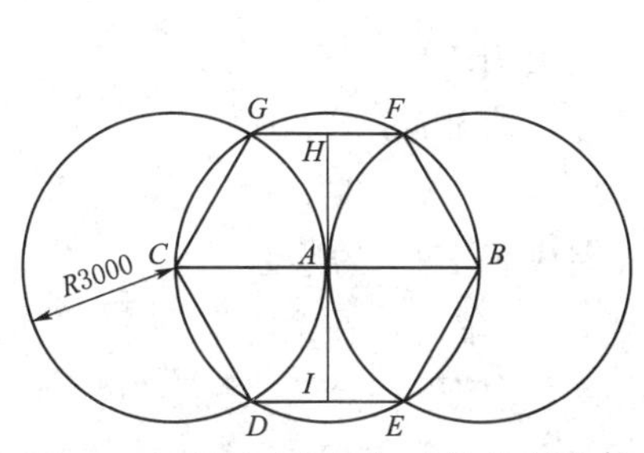

图 1-3　利用对象捕捉功能绘制图形

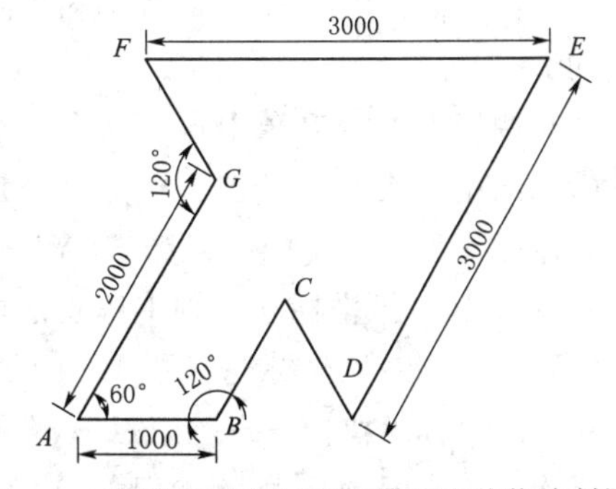

图 1-4　利用相对坐标和极轴追踪功能绘制图形

注：图中未标注的角度均为 60°，未标注的长度均为 1000mm。

6. 利用极轴追踪功能，完成图 1 - 5 中网格梁部分（加粗部分）的绘制。

7. 综合利用正交和对象捕捉功能完成图 1 - 6 的绘制。

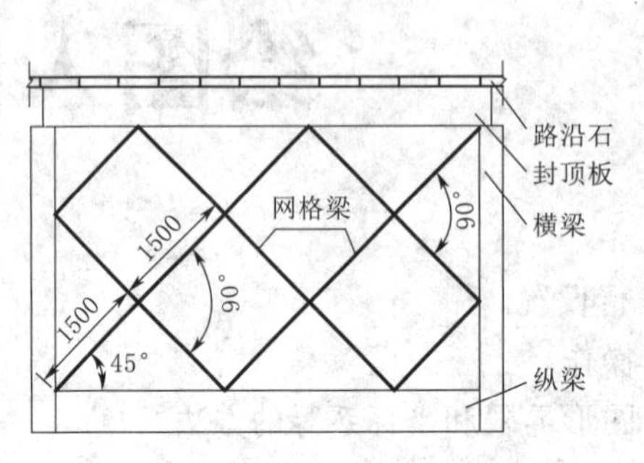

图 1 - 5　利用极轴追踪功能绘制图形

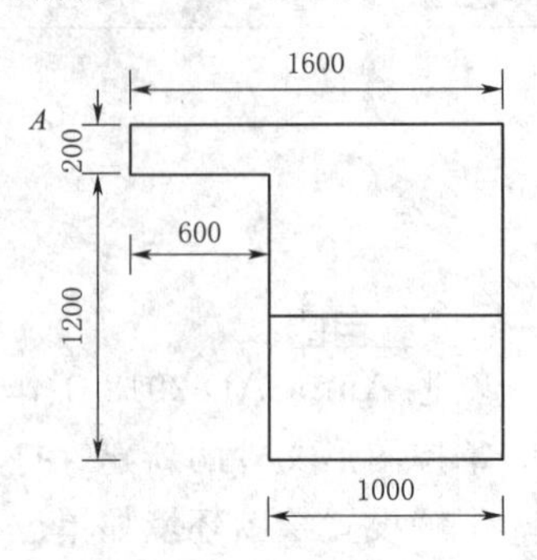

图 1 - 6　利用正交和对象捕捉功能绘制图形

三、实验步骤

资源 1
实验一的
实验步骤

1. 双击 AutoCAD 2018 图标，即打开草图与注释工作空间中名为“Drawing1”的图形文件，在现有的默认设置中练习文件管理、图形界面和绘图环境的设置（以上具体操作见资源 1 中的视频“SY1 - 1”）以及绘制各图形。

2. 利用直线（Line，L）命令绘制图 1 - 1。

如图 1 - 1 所示，在命令行输入 L，调用直线命令，根据提示依次输入各点坐标并回车完成图形绘制，具体操作见资源 1 中的视频“SY1 - 2”。

3. 利用 Line 命令绘制图 1 - 2。

如图 1 - 2 所示，调用 L 命令，在命令行提示“指定第一个点”时鼠标拾取任一点确定点 *A* 的位置，提示“指定下一点”，输入“@0，2000”并回车，依次输入完成图形的绘制（注意判断上下两点连线与 *X* 坐标轴正方向的关系），具体操作见资源 1 中的视频“SY1 - 3”。

4. 利用对象捕捉功能完成图 1 - 3 的绘制。

(1) 打开状态栏中的【草图设置】对话框，在【对象捕捉】选项卡中进行对象捕捉模式设置，该图主要运用端点、中点、圆心、象限点和交点，单击【确定】，启用对象捕捉。

(2) 调用圆（Circle，C）命令和象限点，分别绘制以 *A* 点、*B* 点和 *C* 点为圆心，半径均为 300mm 的圆。

(3) 调用 L 命令和象限点、交点，绘制图形 *CDEBFG*。

(4) 调用 L 命令和端点、中点，分别绘制图形 *CB* 和 *HI*。

具体操作见资源 1 中的视频“SY1 - 4”。

5. 利用相对极坐标和极轴追踪功能两种方式完成图 1 - 4 的绘制。

(1) 利用相对极坐标完成图 1 - 4 的绘制。调用 L 命令，在命令行提示“指定第一个点”时鼠标拾取任一点确定点 *A* 的位置，提示“指定下一点”，输入“@1000<0”并回车依次输入完成图形的绘制（注意判断上下两点连线与 *X* 坐标轴正方向的角度），具体操作见资源 1 中的视频“SY1 - 5”。

(2) 利用极轴追踪功能完成图 1－4 的绘制。设置状态栏中的【草图设置】对话框，在【极轴追踪】选项卡中，将增量角设置为 60°，并启用极轴追踪功能。调用 L 命令后，在命令行提示“指定第一个点”时，鼠标拾取任一点确定点 A 的位置；提示“指定下一点”时，光标向右拖动追踪到 0°后，输入 1000 并回车，确定点 B 的位置；提示“指定下一点”时，光标向左上方拖动追踪到 120°后，输入 1000 并回车，确定点 C 的位置，依次输入完成图形的绘制，具体操作见资源 1 中的视频“SY1－6”。

6. 利用极轴追踪功能完成图 1－5 的绘制，具体操作见资源 1 中的视频“SY1－7”。

7. 综合利用正交和对象捕捉功能完成图 1－6 的绘制。

打开状态栏中的正交功能，启用端点、中点和垂足捕捉模式。调用 L 命令进行绘制，具体操作见资源 1 中的视频“SY1－8”。

8. 单击【保存】按钮，保存为名为“CAD 上机实验一.dwg”的文件。

实验二

简单二维图形绘制

一、实验目的

1. 熟练运用图形控制命令。

2. 熟练运用绘图命令。

3. 熟练运用图形编辑命令。

二、实验内容

综合利用所学命令，绘制图 2－1～图 2－11 所示的图形。

三、实验步骤

1. 打开实验一存盘后的“CAD 上机实验一 . dwg”文件。练习窗口缩放（Zoom，Z）、视图平移（Pan，P）和重新生成（Regen，Re）等图形控制命令。

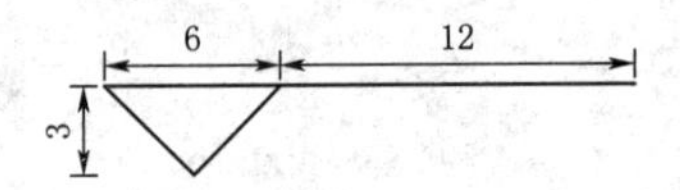

图 2－1　建筑图用标高符号

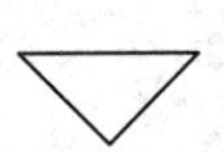

图 2－2　水工图用标高符号

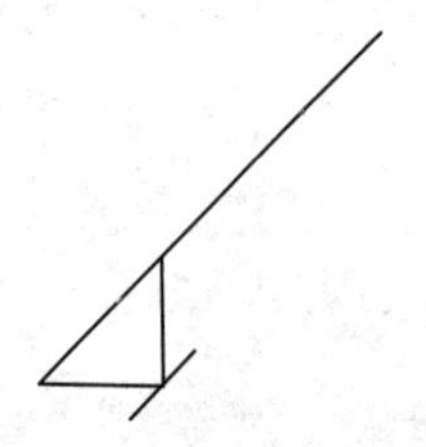

图 2－3　给排水系统图用标高符号

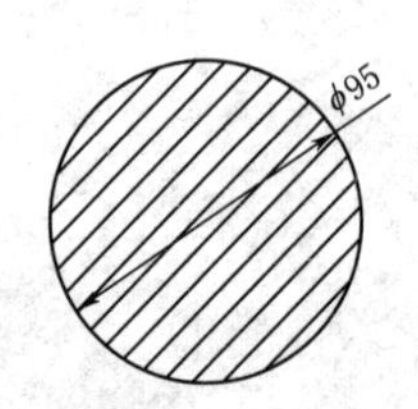

图 2－4　地漏

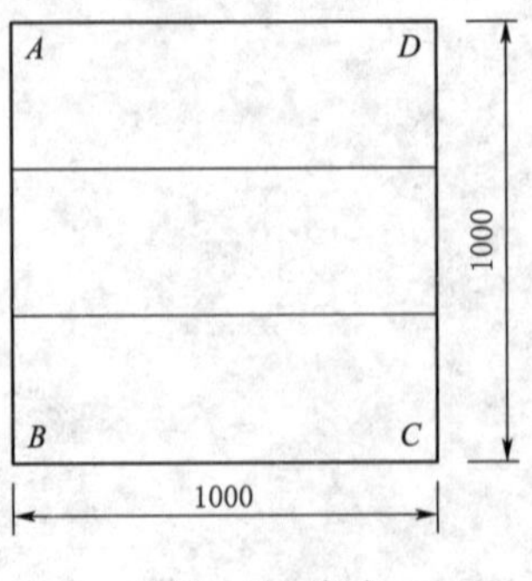

图 2－5　窗户

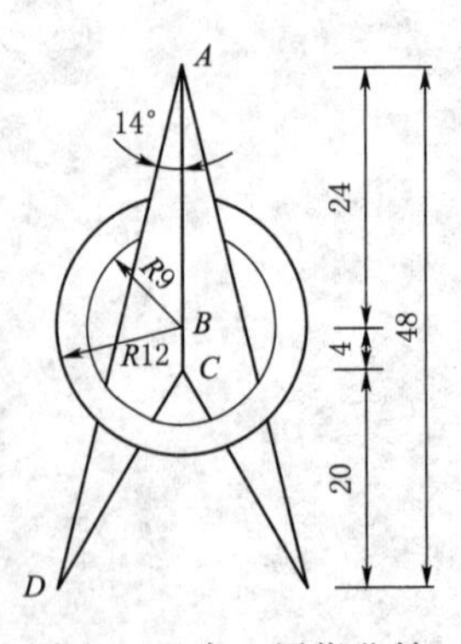

图 2－6　水工用指北针

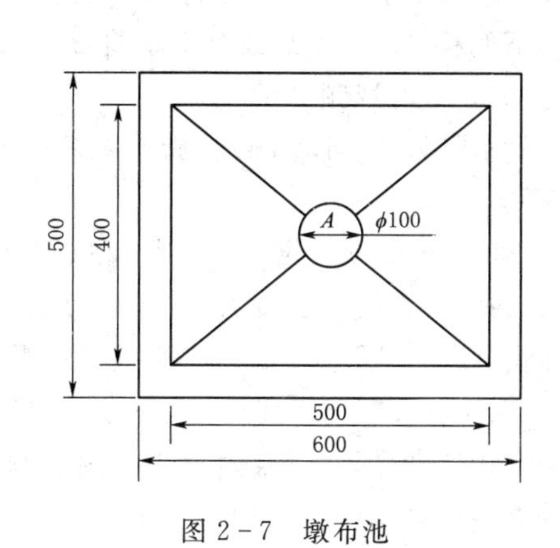

图 2-7　墩布池

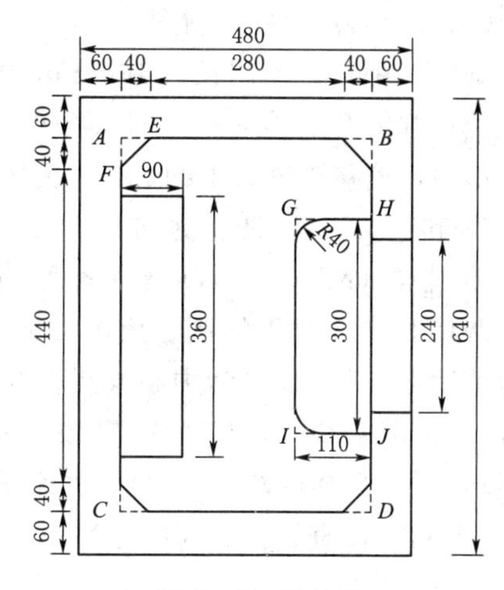

图 2-8　拔气道

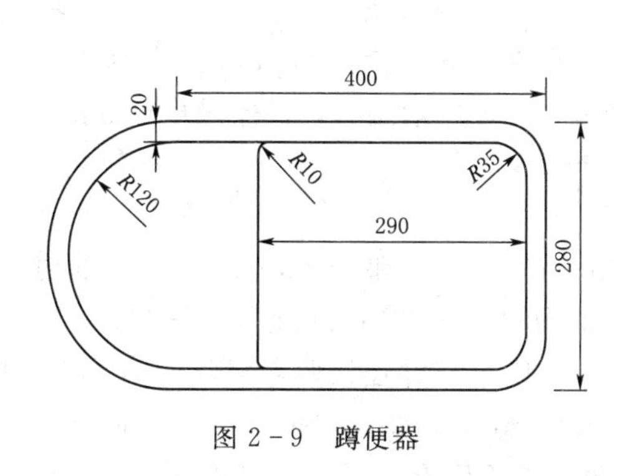

图 2-9　蹲便器

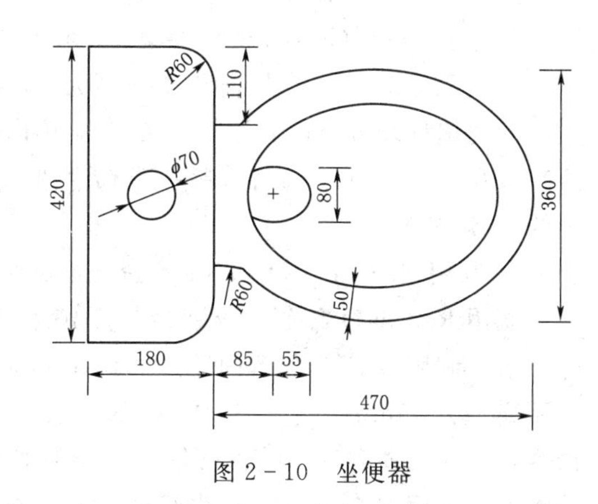

图 2-10　坐便器

2. 利用 L 命令、对象捕捉和极轴追踪绘制图 2-1～图 2-3。

图 2-1 中建筑图用标高符号的绘制过程详见资源 2 中的视频“SY2-1”。

资源 2
实验二的
实验步骤

图 2-2 中水工图用标高符号为图 2-1 中的三角形部分。

图 2-3 中给排水系统图用标高符号最下方短横线长度为 3mm，绘制方法与图 2-1 类似，只需要将图逆时针旋转 45°，具体操作见资源 2 中的视频“SY2-2”。

3. 利用 C 和图案填充（Hatch，H）命令绘制图 2-4。

调用 C 命令，绘制直径为 95mm 的圆；调用 H 命令，填充名为“ANSI31”的图案，具体操作见资源 2 中的视频“SY2-3”。

4. 利用 L、定数等分（Divide，Div）和偏

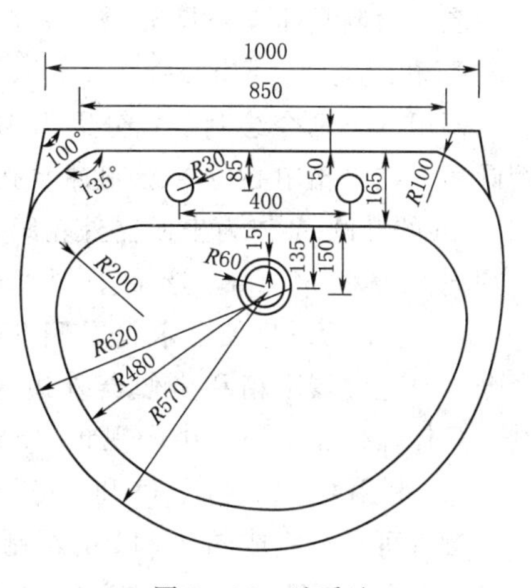

图 2-11　洗手池

移（Offset，O）命令绘制图2-5。

调用L命令，绘制长为1000mm的AB和AD；调用Div命令，将AB定数等分为3份；调用O命令，分别过等分点和B点向下偏移AD；重复命令O，将直线AB向右偏移，偏移距离为1000mm，具体操作见资源2中的视频“SY2-4”。

5. 利用C、O、L、延伸（Extend，Ex）、剪切（Trim，Tr）、旋转（Rotate，Ro）和镜像（Mirror，M）等命令绘制图2-6。

调用L命令分别绘制长度为24mm、4mm和20mm的直线AB、BC和CE（E点为辅助点），以E点为中心绘制长度为30mm的水平直线（长度大于24mm的任意直线）；调用L命令，单击A点和E点绘制直线AE，调用Ro命令将直线AE顺时针旋转14°（命令行输入－14），调用Ex命令延伸至与水平直线交点D，并连接CD；调用Mi命令以直线AC为中心线镜像ACD；调用C命令以B点为圆心分别绘制半径为9mm和12mm的同心圆，调用Tr命令对边界和对象进行修剪，完成图形绘制，具体操作见资源2中的视频“SY2-5”。

6. 利用矩形（Rectang，Rec）、L和C等命令绘制图2-7。

调用Rec命令，绘制长和宽分别为600mm和500mm的矩形；调用O命令，将矩形向内偏移50mm；调用L命令，连接内部矩形对角线，交点为A，以A为圆心绘制直径为100mm的圆；调用Tr命令进行修剪，完成图形绘制，具体操作见资源2中的视频“SY2-6”。

7. 利用Rec、L、O和Tr等命令绘制图2-8。

调用Rec和O命令，分别绘制长宽为360mm、520mm和480mm、640mm的内外矩形；调用X命令分解内矩形；调用O命令，分别向下和向右偏移AB和AC，偏移距离均为40mm，与AB和AC的交点分别为E和F点并连接两点。调用O和Tr命令，偏移AB和AC并进行修剪后绘制长宽为90mm、360mm和110mm、300mm的矩形；调用F命令，将直线GH和GI倒圆角；将EF沿水平和竖直镜像，并对矩形$ACDB$进行裁剪完成图形绘制，具体操作见资源2中的视频“SY2-7”。

8. 利用L、C和倒角（Fillet，F）等命令绘制图2-9。

图形绘制具体操作见资源2中的视频“SY2-8”。

9. 利用椭圆（Ellipse，El）、F、O和Tr等命令绘制图2-10。

调用Rec命令绘制长宽分别为180mm和420mm的坐便器水箱，并调用F命令倒圆角，在水箱中心位置绘制冲水按钮；利用El命令绘制长短轴分别为470mm和360mm的椭圆A作为坐便器外轮廓，椭圆长轴的左端点与坐便器长边中点重合；将椭圆向内偏移50mm，形成坐便器的内边缘椭圆B；绘制长短轴分别为110mm、80mm，中心距离坐便器水箱右侧85mm的椭圆C作为坐便器排污口；调用O和F命令，对坐便器水箱和坐便器外边缘进行倒角连接；对图形进行修剪，完成图形绘制，具体操作见资源2中的视频“SY2-9”。

10. 利用C、El、F、O和Tr等命令绘制图2-11。

读者可自行完成图2-11的绘制，具体操作见资源2中的视频“SY2-10”。

11. 单击【另存为】按钮，保存为“CAD上机实验二.dwg”文件。

实验三

图层设置和图块创建

一、实验目的

1. 熟练掌握利用【图层特性管理器】对话框创建、设置、修改和切换图层特性的方法。

2. 熟练运用块定义（Block，B）、插入块（Insert，I）、属性定义（Attdef，Att）和写块（Wblock，W）等命令创建、插入、编辑和调用图块。

3. 掌握运用系统提供的图块绘图的方法。

二、实验内容

1. 根据工程图形的需要创建如图 3－1 所示图层。

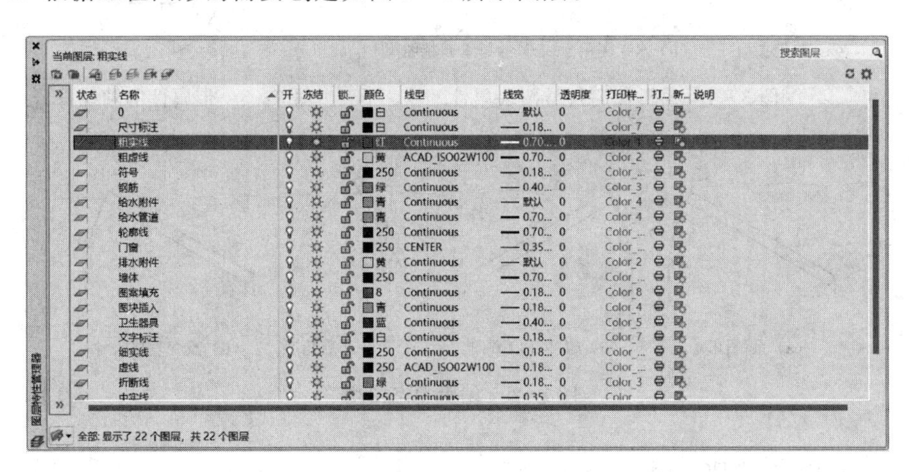

图 3－1　工程中常用图层

注：表中 0 层为默认图层。

2. 合理利用所建图层和实验二部分图形创建图块。

（1）利用实验二图 2－4 和图 2－6 创建图 3－2 所示不带属性图块。

（2）利用实验二图 2－1～图 2－3 创建图 3－3 所示带属性图块。

（3）按照图 3－4 要求编辑标高符号图块属性。

（4）创建默认值为 A 的轴线符号图块。

3. 通过【工具选项板】调用和修改系统中提供的“门-公制”动态图块，如图 3－6 所示。

资源 3
实验三的
实验步骤

三、实验步骤

1. 打开实验二存盘后的“CAD 上机实验二．dwg”文件。

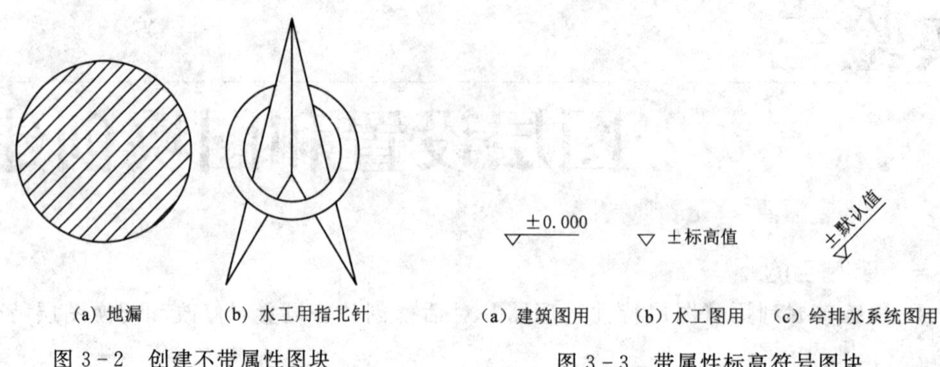

图 3-2　创建不带属性图块

图 3-3　带属性标高符号图块

注：(a) ～ (c) 图块属性定义的默认值分别为：“±0.000”；“±标高值”；“±默认值”。

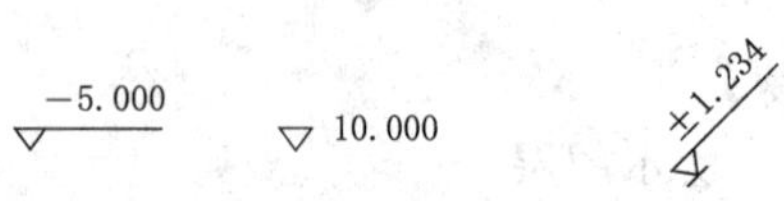

−5.000
10.000
±1.234
A

(a) 建筑图用　(b) 水工图用　(c) 给排水系统图用

图 3-4　编辑标高符号图块属性

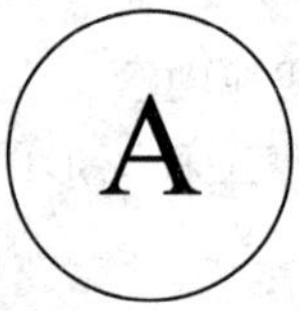

图 3-5　带属性的轴线符号图块

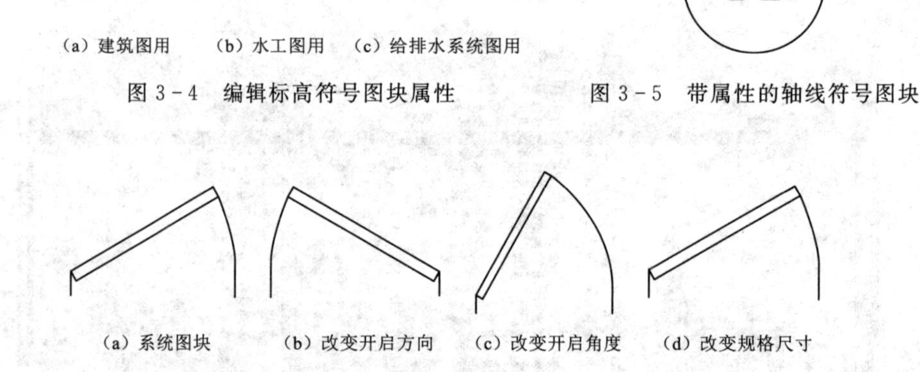

图 3-6　编辑动态图块

2. 创建图 3-1 所示图层。

单击【默认】标签→【图层】面板→【图层特性】按钮［或调用图层（layer，La）命令］，打开【图层特性管理器】对话框，按图 3-1 所示要求，创建具有不同名称、颜色、线型和线宽等属性的图层，具体操作见资源 3 中的视频“SY3-1”。

3. 创建图 3-2 所示图块。

(1) 复制实验二中的地漏和水工用指北针至绘图区合适位置；地漏和指北针外轮廓所用线型修改为轮廓线，其他修改为细实线；调用 B 命令，将上述两个图形定义为图块，块名分别为“地漏”和“水工用指北针”，具体操作见资源 3 中的视频“SY3-2”。

(2) 复制实验二中的建筑、水工和给排水系统中使用的标高符号至绘图区合适位置；修改图形线型为细实线；调用 Att 命令弹出【属性定义】对话框，对标高符号属性进行定义；以图 3-3 (c) 为例，“标记”中输入“BG”、“提示”中输入“输入给排水标高”、“默认”中输入“%%p 默认值”（本实验【属性定义】选项卡中默认值分别定义为如图 3-3 所示的 3 个值）、文字样式选择“宋体”、文字高度为“3.5”，旋转设置为“45”；确定适当位置，放置在标高符号附近，单击【确定】，完成设置。调用B命令，将各符号和属性一起分别定义为图块，得到如图3-3（c）所示图块，块名定义为“给排水系统图用标高符号”。“建筑图用标高符号”和“水工图用标高符号”标高符号的设置相似。

（3）调用I命令，分别将“建筑图用标高符号”“水工图用标高符号”和“给排水系统图用标高符号”三种图块插入绘图区适当位置；在指定插入点后弹出的【编辑属性】对话框中输入相应的标高值，得到如图3-4所示各图块，具体操作见资源3中的视频“SY3-3”。

4. 创建默认值为A的轴线符号图块。

带属性的轴线符号图块的制作与标高符号相似，读者可自行完成。

5. 编辑动态图块。

单击【视图】选项卡→【选项板】面板→【工具选项板】按钮，将“建筑”标签中的“门-公制”图块插入绘图区，完成图3-6（a），通过操作各夹点完成图3-6所示动态图块的编辑，具体操作见资源3中的视频“SY3-4”。

6. 创建和调用图块文件。

调用W命令，将“水工图用标高符号”创建为图块文件，在其他文件中可直接调用（首次调用需要根据路径调用），具体操作见资源3中的视频“SY3-3”。

7. 单击【另存为】按钮，保存为“CAD上机实验三.dwg”文件。

实验四

初步绘制建筑平面图

一、实验目的

1. 熟练掌握合理利用图层正确绘制建筑平面图的方法。

2. 掌握“特性匹配”功能的使用方法。

3. 掌握利用【对象特性】对话框修改实验参数的方法。

4. 掌握线型比例的设置方法。

5. 掌握图块插入、编辑的方法。

二、实验内容

合理利用图层及“特性匹配”功能，按 1∶1 的比例，正确绘制如图 4－1 所示的建筑平面图。

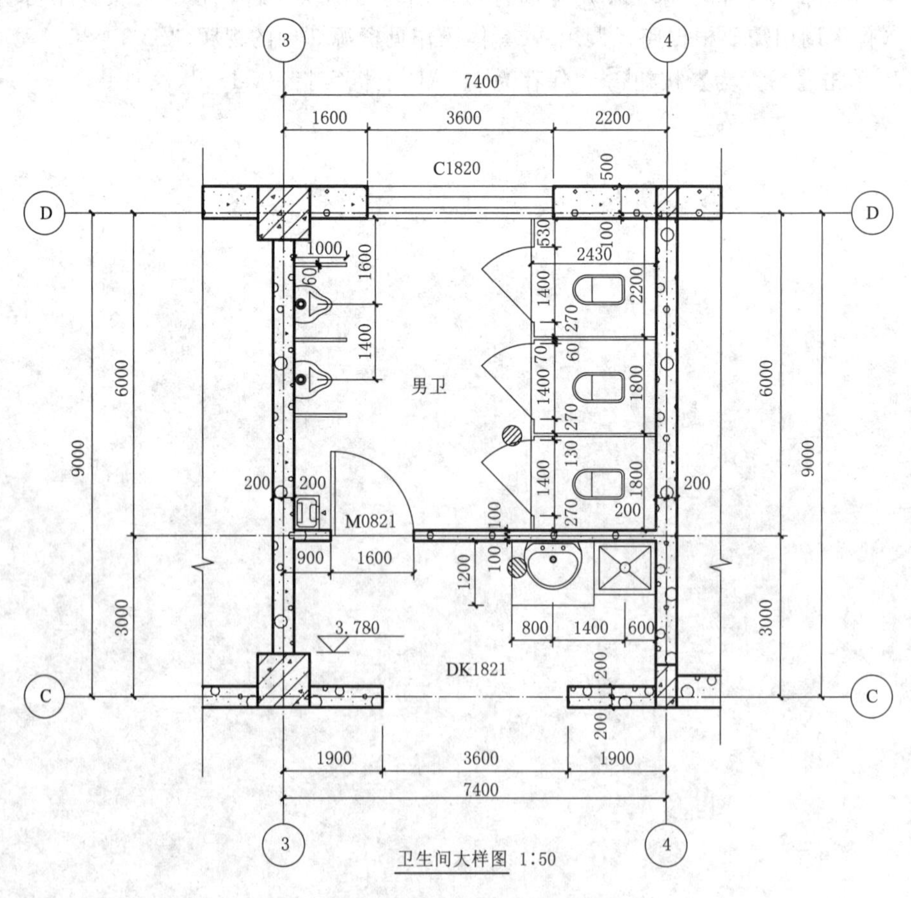

图 4－1　卫生间大样图

三、实验步骤

1. 创建图块。

将图 4 - 1 中的窗户、门、矩形柱、洗脸盆、小便槽、墩布池、拔气道、大便器、地漏及标高符号利用 Block 命令定义为不带属性的图块，将标高符号、轴线编号定义为带属性的图块。用写块命令 Wblock 将以上图块存入名称为“图块”的文件夹中。

资源 4
实验四的
实验步骤

2. 创建图层及各图层属性（颜色、线型、线宽）。

3. 设置合适的图形界限；合理利用图层，按 1∶1 的绘图比例，绘制轴线，利用 Ltscale 命令设置合适的线型比例因子。

4. 利用图块插入 Block 命令插入柱。

5. 利用多线 Mline 命令绘制墙体。

6. 利用偏移 Offset 命令定位门窗洞口，并利用 Trim 命令修剪掉多余图线。

7. 利用图块插入 Insert 命令插入各种卫生器具。

8. 创建带属性的图块、轴线编号及标高符号，并插入到图形中。

9. 灵活运用 line、rectang 等命令绘制卫生间隔板。

具体绘制过程见资源 4。

实验五

初步绘制水利工程图

一、实验目的

1. 综合运用教材第三章中常用绘图和编辑等命令绘制图形。
2. 运用图层绘制不同图线以便于图形管理。
3. 合理利用辅助绘图工具以提高绘图精度。
4. 合理利用自建图块以提高绘图速度。

二、实验内容

绘制如图5-1所示的水闸下游扶壁式翼墙剖面图和图5-2所示的U形渡槽槽身横断面图。本实验需完成图形的绘制和高程的标注。

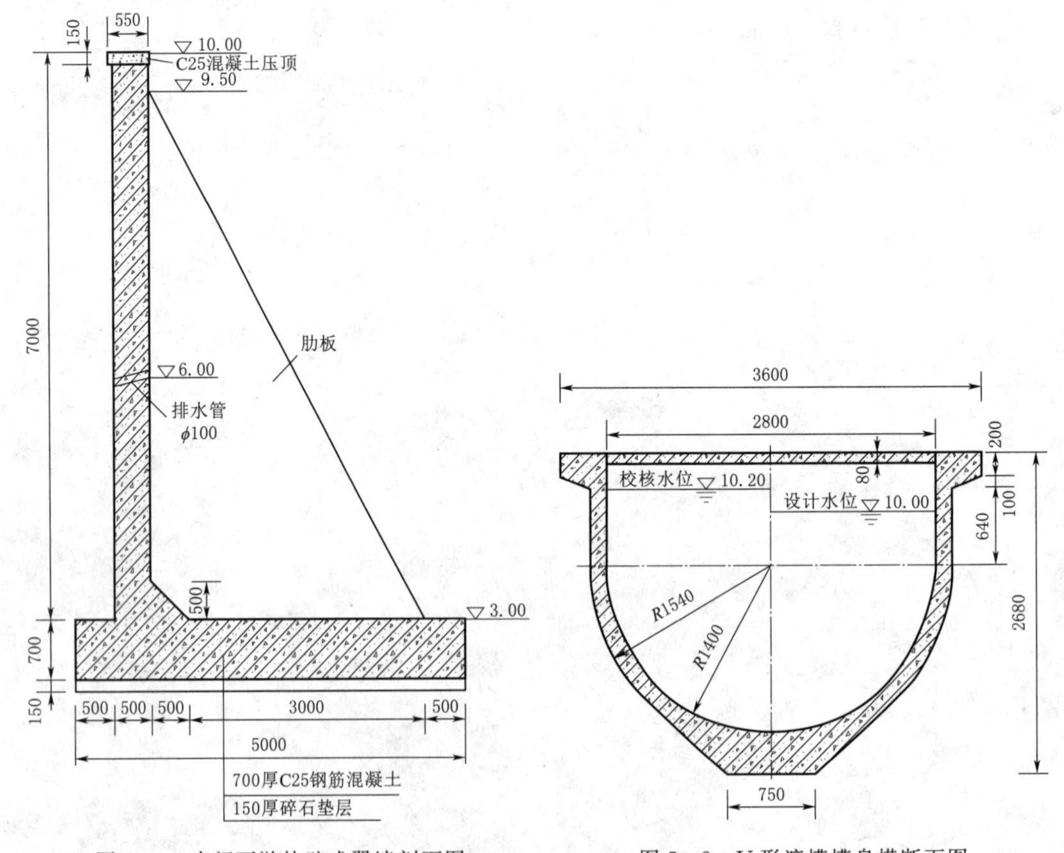

图5-1 水闸下游扶壁式翼墙剖面图

图5-2 U形渡槽槽身横断面图

三、实验步骤

1. 打开实验三存盘后的“CAD上机实验三.dwg”文件。

资源5
实验五的
实验步骤

2. 绘制图5－1所示水闸下游扶壁式翼墙剖面图。

调用L命令，采用粗实线线型绘制图形轮廓线；修改当前线型为细实线绘制标高线；调用I命令插入实验三定义的带属性的块“水工图用标高符号”至适当位置，修改标高属性值并适当缩放；调用H命令分别填充名为“AR－CONC”和“ANSI31”的图案，完成图形的绘制。绘制过程中综合利用对象捕捉、正交和输入相对直角坐标等方法以提高绘图的速度和精度，具体操作见资源5中的视频“SY5－1”。

3. 绘制图5－2所示U形渡槽槽身横断面图。

调用L和圆弧（Arc）命令，采用粗实线线型绘制槽身和拉杆的轮廓线；修改当前图层为中心线层，绘制两条中心线；其他绘制过程与图5－1相似，具体操作见资源5中的视频“SY5－2”。

4. 单击【另存为】按钮，保存为“CAD上机实验五.dwg”文件。

实验六

文字标注及表格绘制

一、实验目的

1. 掌握利用【文字样式】对话框创建字体、修改字体、设置效果的方法及一般原则。

2. 掌握单行文字和多行文字输入的方法，了解它们在工程图纸中的实际应用，并注意它们的区别。

3. 熟练掌握【多行文字在位编辑器】和【文字格式】工具栏中各种工具的使用。

4. 掌握对已有文字编辑、修改的方法。

5. 掌握利用【表格样式】对话框创建和修改表格样式。

6. 掌握利用【插入表格】对话框设置表格样式、选择插入方式、对列和行进行设置。

7. 掌握对已有表格编辑、修改的方法。

8. 掌握利用【特性】面板对文字和表格编辑的方法。

二、实验内容

1. 根据工程图纸的需要，利用【文字样式】创建必要的字体，见表 6-1。

表 6-1　　本实验需创建字体

样式名	字体名	使用大字体	字体样式	高度	效果	
					宽度比例	倾斜角度
Standard	txt. shx	〔 〕	/	0.000	1.000	0
宋体	宋体	/	常规	0.000	1.000	0
仿宋体	仿宋	/	常规	0.000	0.700	0
书写直体	gbenor. shx	√	gbcbig. shx	0.000	1.000	0

注　1. 表中 Standard 为默认样式名。
2. 【使用大字体】复选框被勾选时，只有扩展名为“. shx”的大字体可使用。
3. 〔 〕表示未选中，√表示选中，/表示无效。

2. 利用实验内容 1 所建文字样式进行文字标注。

（1）为图 4-1 进行文字标注：①注写门、窗和洞口“M0821”“C1820”和“DK1821”；②注释文字“男卫”。要求采用“仿宋体”，字号为 5 号。

（2）标注图 5-1 中的“C25 混凝土压顶”“肋板”“排水管 ϕ100”“C25 钢筋混凝土 700”和“碎石垫层 150”等文字。要求采用“宋体”，字号为 3.5 号。

（3）使用“宋体”文字样式，编写建筑设计说明节选，如图 6-1 所示。其中“建筑设计说明”采用 10 号字，“一、概况”和“二、设计参数”采用 5 号字，其余文字采用 3.5 号字。

建筑设计说明

一、概况

1. 私人住宅；

2. 结构体系：三层砖混结构；

3. 抗震烈度：8度。

二、设计参数

（一）图中尺寸

除标高以米为单位，其他均为毫米。

（二）地面

1. 水泥砂浆地面：20厚1:2水泥砂浆面层，70厚C10混凝土，80厚碎石垫层，素土夯实；

2. 木地板面：18厚企口板，50×60木格栅，中距400（涂沥青），Φ6，L=150钢筋固定@800，刷冷底子油二度，20厚1:3水泥砂浆找平。

（三）楼面

1. 水泥砂浆楼面：20厚1:2水泥砂浆面层，现浇钢筋混凝土楼板；

2. 细石混凝土楼面：30厚C20细石混凝土加纯水泥砂浆，预制钢筋混凝土楼板。

图 6－1　利用多行文字输入文字

3. 利用【表格】命令绘制标题栏（利用绘图命令如 Line 命令也可绘制标题栏）。

本书中的标题栏仅供学习阶段使用，见表 6－2。其中字体采用“仿宋体”，“图名”和“校名”用 7 号字，居中，其余均用 4 号字。表格外边框线宽采用 0.3mm，其他为默认值。

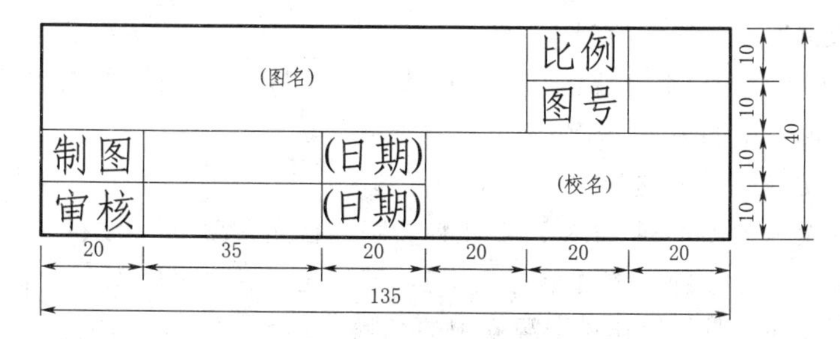

图 6－2　绘制标题栏

三、实验步骤

1. 打开实验四和实验五存盘后的文件。

2. 创建文字样式。

（1）单击【注释】选项卡→【文字】面板→右下角对话框启动器，或者在命令行输入文字样式（Style，St）命令，打开【文字样式】对话框，按照表 6－1 修改“standard”各项参数，如图 6－3 所示。

资源 6
实验六的
实验步骤

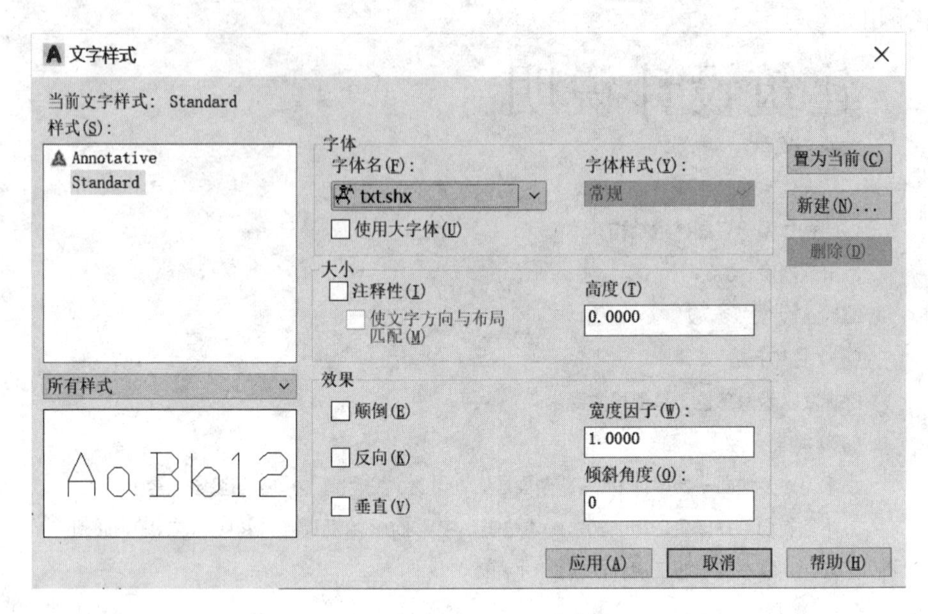

图 6-3 【文字样式】对话框

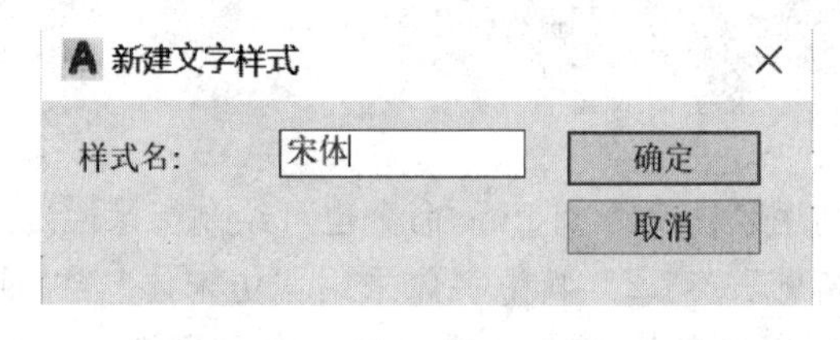

图 6-4 【新建文字样式】对话框

(2) 单击【新建】按钮，在弹出的【新建文字样式】对话框中，新建样式名为“宋体”的文字样式，如图 6-4 所示。

(3) 单击【确定】按钮，按照表 6-1 的要求分别修改字体、大小和效果等样式，如图 6-5 所示，单击【应用】按钮，完成“宋体”文字样式的创建。

(4)“仿宋体”和“书写直体”字体样式的创建与“Standard”和“宋体”相似，具体操作见资源 6 中的视频“SY6-1”。

3. 利用新建文字样式进行文字标注。

(1) 按照要求为图 4-1 和图 5-1 注释文字。首先为图 4-1 注释文字：将【仿宋体】置为当前，单击注释中的【单行文字】，字号选择“5.0”，对门、窗、洞口和男卫等文字进行标注。具体操作见资源 6 中的视频“SY6-2”。

(2) 图 5-1 中的文字注释具体操作见资源 6 中的视频“SY6-3”。

(3) 编写建筑设计说明节选。将【宋体】置为当前，单击注释中的【多行文字】，字号选择“3.5”，编写建筑设计说明并按要求对字体字号进行设置。具体操作见资源 6 中的视频“SY6-4”。

4. 标题栏绘制。

(1) 单击【默认】选项卡→【注释】面板→▦，弹出【插入表格】对话框，列数、列宽和数据行数如图 6-6 所示。

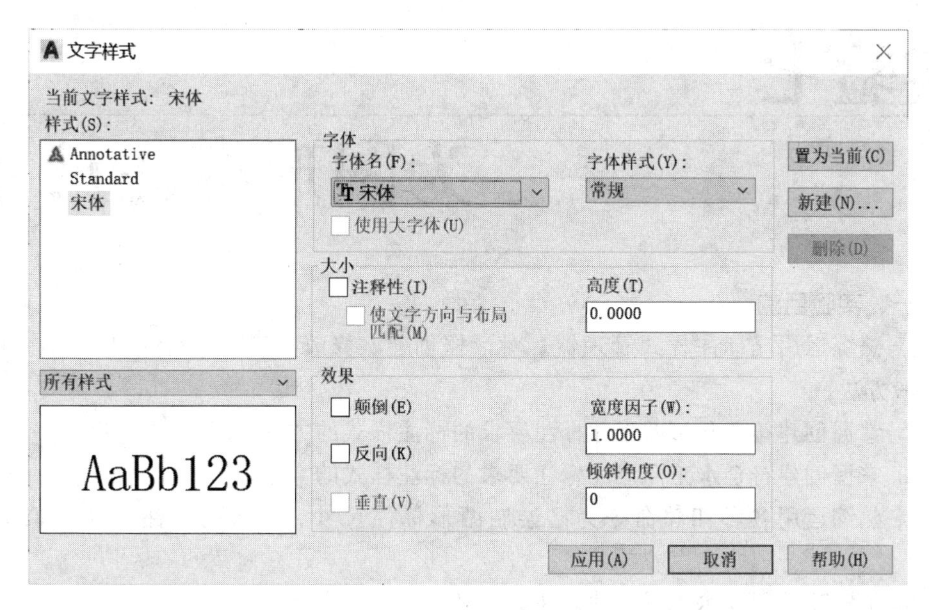

图 6－5　创建完成的【文字样式】对话框

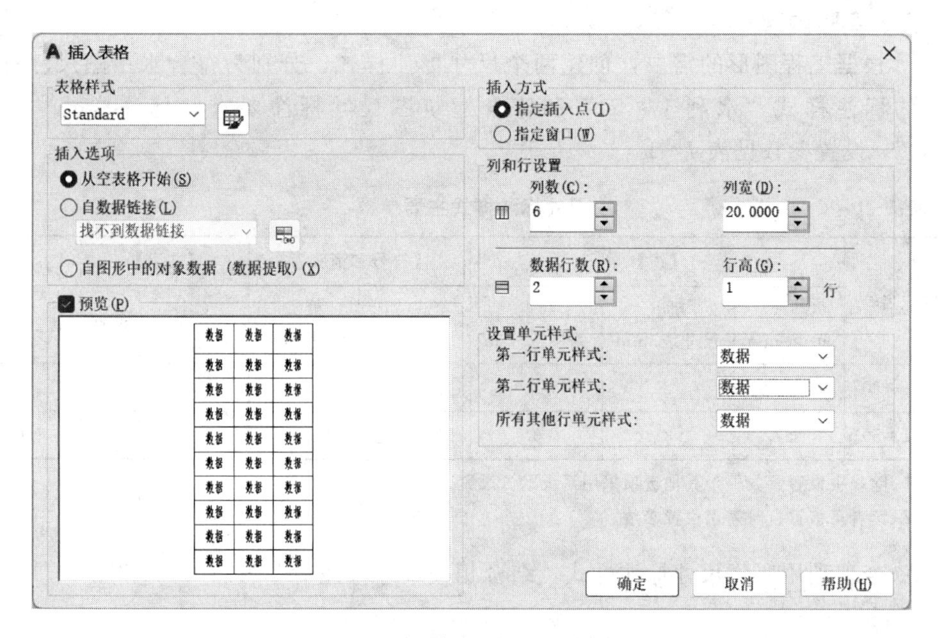

图 6－6　【插入表格】对话框

（2）合并第一～二行第一～四列和第三～四行第四～六列。

（3）将第二列的宽度调整为 35mm；全选表格，表格高度设置为 10mm。依次输入“（图名）”“比例”“图号”等文字。右键单击选择【特性】，将字体调整为“仿宋体”，字号选为 4 号字，对齐方式设置为正中，外边框线宽设置为 0.3mm。

（4）对部分字体、行距和相关内容进行调整，具体操作见资源 6 中的视频“SY6－5”。

5. 单击【另存为】按钮，保存为“CAD 上机实验六 .dwg”文件。

实验七

为图形标注尺寸

一、实验目的

1. 熟练运用【标注样式管理器】对话框创建、修改、编辑和替代尺寸标注样式的一般方法。

2. 掌握创建符合建筑图尺寸标注要求的标注样式的方法。

3. 掌握创建符合水工图尺寸标注要求的标注样式的方法。

4. 熟练运用各种相关命令为已绘制图形标注尺寸、修改已标注尺寸对象所属样式。

5. 了解建筑图和水工图尺寸标注的区别。

二、实验内容

1. 根据工程图形的需要，创建两个尺寸标注样式，分别为符合水工图尺寸标注要求的标注样式“水利 1∶50”和符合建筑图尺寸标注要求的标注样式“建筑 1∶50”。设置参数见表 7-1。

表 7-1　　尺寸标注样式主要参数

样式名	【线】			【符号和箭头】		【文字】		【主单位】
	基线间距/mm	超出尺寸线/mm	起点偏移量/mm	第一项 第二项	箭头大小/mm	文字高度/mm	垂直	比例因子
“水利 1∶50”	4	2	2	实心闭合	3.5	3.5	上	50
“建筑 1∶50”	5	3	3	建筑标记	3.5	3.5	上	50

注　1. 除表中设置参数外，其他选项采用系统默认设置。

2. 读者可根据自身需求设置参数。

2. 合理利用所建尺寸标注样式，结合相关尺寸标注命令为图 4-1 和图 5-1 标注尺寸。

（1）实验四中按 1∶1 的比例绘制了“卫生间大样图”，调用缩放（Scale，Sc）命令，将该图形缩放 0.02 倍转换为 1∶50 的图形。采用所建“建筑 1∶50”尺寸标注样式为图 4-1 标注尺寸。

（2）采用所建“水利 1∶50”尺寸标注样式为实验五中按照 1∶1 的比例绘制的图 5-1 标注尺寸。

3. 利用已创建的尺寸标注样式“水利 1∶50”为基础创建新标注样式“水利 1∶100”，分别标注图 7-1（a）和（b）两图的尺寸，并加以对比。

4. 将图 7-1（a）中的水利标注样式快速更改为建筑标注样式，如图 7-2 所示。

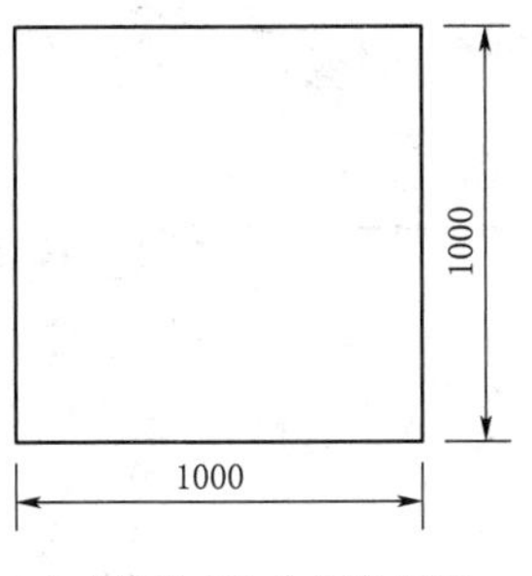

(a) 标注样式为“水利1:50”

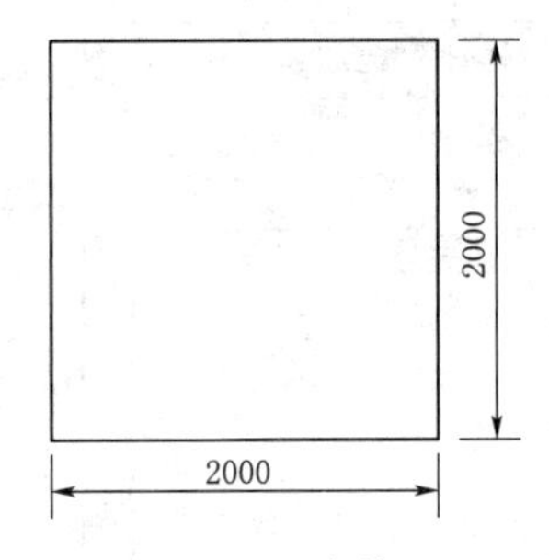

(b) 标注样式为“水利1:100”

图 7-1　利用新创建尺寸标注样式标注尺寸

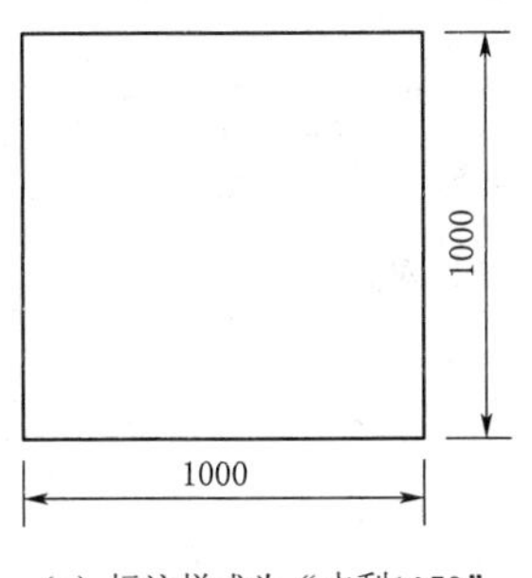

(a) 标注样式为“水利1:50”

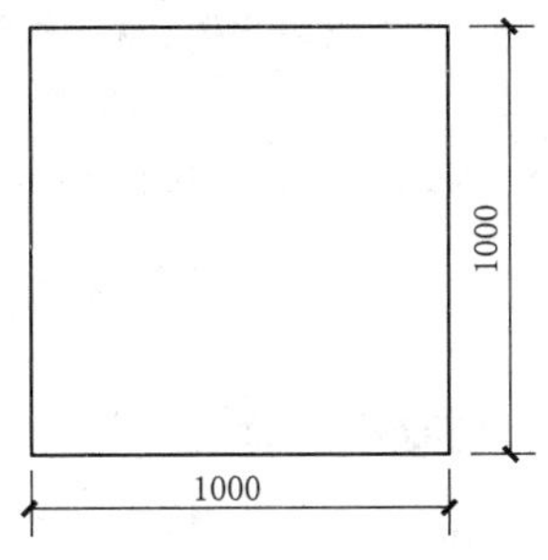

(b) 标注样式为“建筑1:50”

图 7-2　更改尺寸标注样式

三、实验步骤

1. 打开实验五存盘后的“CAD 上机实验五 .dwg”文件。

资源 7
实验七的
实验步骤

2. 创建尺寸标注样式。

(1) 单击【默认】选项卡→下拉【注释】面板→单击【标注样式】左侧按钮，或者命令行输入创建和修改标注样式（Dimstyle，Dst）命令，打开【标注样式管理器】对话框，如图 7-3 所示。

(2) 单击【新建】按钮，在弹出如图 7-4 所示的【创建新标注样式】对话框中为新标注样式命名。

(3) 单击【继续】按钮，在弹出的如图 7-5 所示的【新建标注样式：水利 1∶50】对话框中主要对【线】、【符号和箭头】、【文字】和【主单位】等选项卡的参数进行设置，具体参数见表 7-1。设置完成后，单击【确定】按钮，在【标注样式管理器】对话框中，将所建标注样式置为当前，完成标注样式设置，具体操作见资源 7 中的视频“SY7-1”。

3. 为建筑和水利图形标注尺寸。

(1) 单击【默认】选项卡→下拉【注释】面板→下拉【标注样式】，选中【建筑 1∶50】标注样式并单击即可将该样式置为当前。调用线性标注（Dimlinear，Dli）和连续标注（Dimcontinue，Dco）命令，标注图 4-1 中的尺寸；调用 I 命令，插入轴

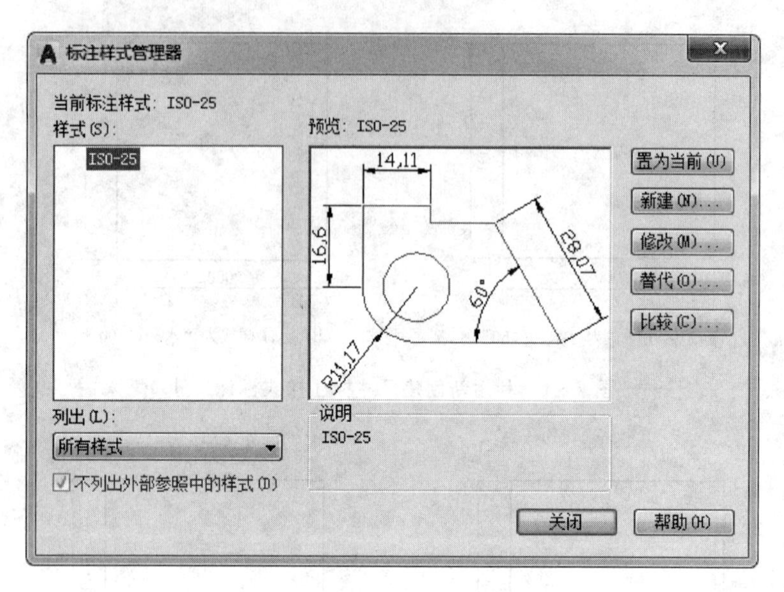

图 7－3 【标注样式管理器】对话框

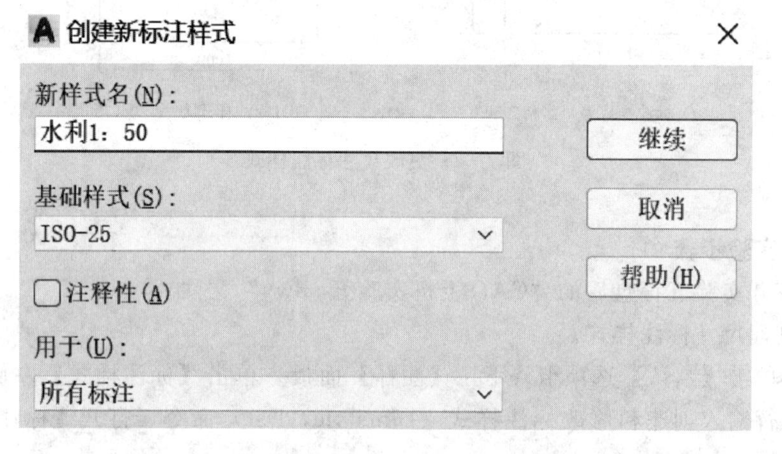

图 7－4 【创建新标注样式】对话框

线符号图块，完成建筑图形尺寸标注，具体操作见资源 7 中的视频“SY7－2”。

（2）将【水利 1∶50】标注样式置为当前。调用 Dli 和 Dco 命令，标注图 5－1 中的各尺寸，具体操作见资源 7 中的视频“SY7－3”。

4. 快速创建新标注样式。

（1）利用已有“水利 1∶50”标注样式创建新标注样式“水利 1∶100”。调用 Dimstyle 命令，打开【标注样式管理器】对话框，单击【新建】按钮，在【创建新标注样式】对话框中将新标注样式命名为“水利 1∶100”，并将“基础样式”选为“水利 1∶50”，单击【继续】按钮，在【新建标注样式：水利 1∶100】对话框中将“主单位”中的“比例因子”选项设置为 100，其他可保持不变。

（2）绘制图形。将图层“粗实线”设置为当前图层；利用矩形（Rectang，Rec）

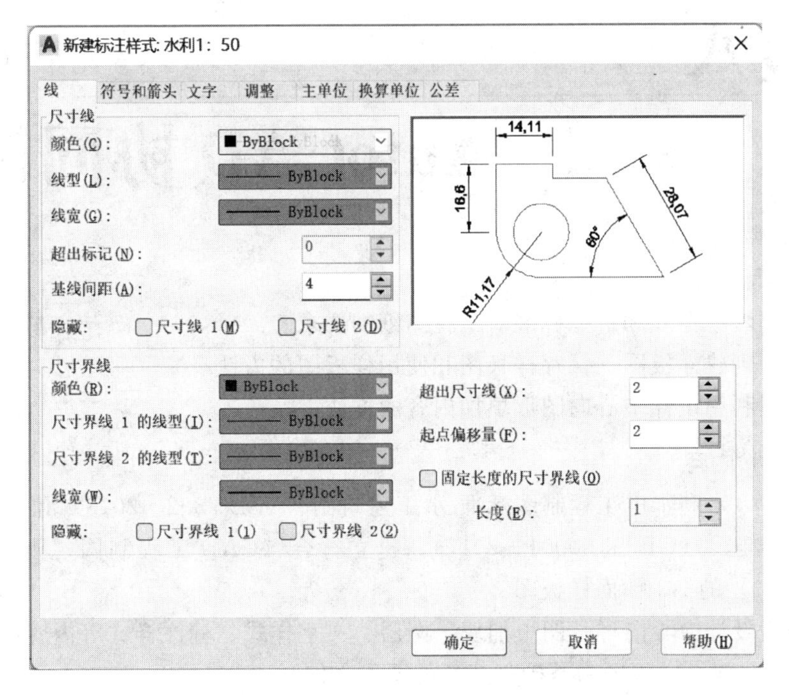

图 7－5　设置完成后的【新建标注样式：水利 1∶50】对话框

命令按照 1∶1 的比例绘制长宽均为 1000mm 的正方形，将图形缩放 0.02 倍转换为 1∶50 的图形，结果如图 7－1（a）所示；复制该图形并命名为图 7－1（b）。

（3）为图形标注尺寸。分别采用“水利 1∶50”和“水利 1∶100”两种标注样式对图 7－1（a）和（b）进行标注，具体操作见资源 7 中的视频“SY7－4”。

5. 更改尺寸标注样式。

将完成尺寸标注的图 7－1（a）复制到图中合适位置并命名为图 7－2（a），选中图 7－2（a）中的尺寸标注后单击【默认】选项卡→下拉【注释】面板→下拉【标注样式】，选定样式“建筑 1∶50”，则其标注样式更改为如图 7－2（b）所示，具体操作见资源 7 中的视频“SY7－5”。

6. 新建或选择合适的尺寸标注样式为本书中的其他图形标注尺寸。

7. 单击【另存为】按钮，保存为“CAD 上机实验七 . dwg”文件。

实验八

AutoCAD 协同设计

一、实验目的

1. 了解国家标准和行业标准对工程图纸的要求。

2. 掌握创建样板图、保存样板图和使用样板图的方法。

3. 掌握利用设计中心向图形填加内容的方法。

二、实验内容

1. 参考《水利水电工程制图标准 水工建筑图》（SL 73.2—2013）和《房屋建筑制图统一标准》（GB/T 50001—2017），建立符合《CAD 工程制图规则》（GB/T 18229—2000）的 A3 幅面样板图。

2. 利用设计中心向样板图填加块、图层、文字样式、标注样式等内容。

3. 以 A3 幅面样板图为基础创建新的图形文件。

三、实验步骤

资源 8
AutoCAD
协同设计

1. 创建 A3 幅面样板图。

(1) 新建图形文件，按照图 8-1 绘制 A3 幅面，基本尺寸见表 8-1。

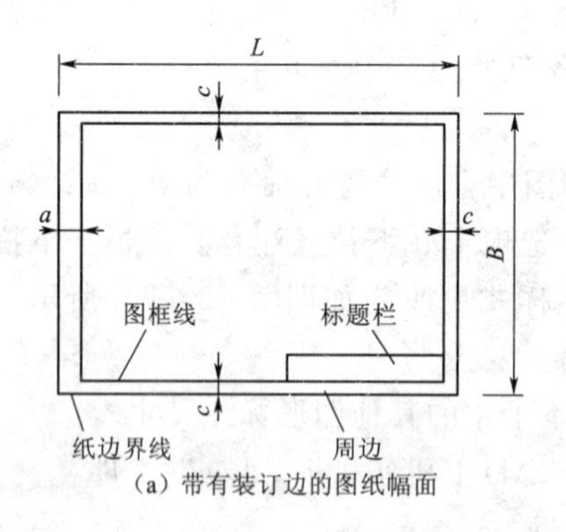

(a) 带有装订边的图纸幅面

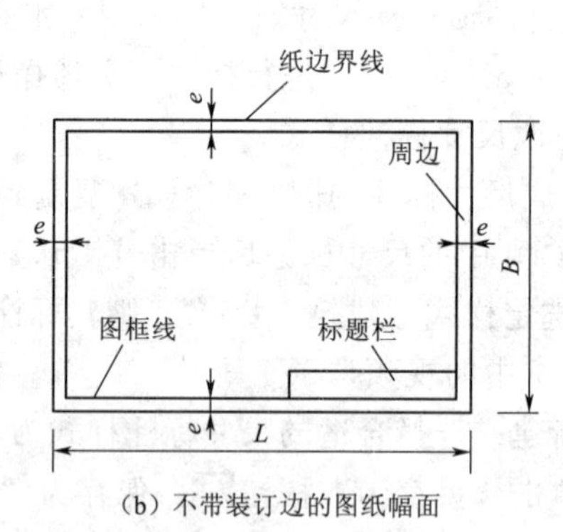

(b) 不带装订边的图纸幅面

图 8-1 A3 幅面样板图

表 8-1 图纸幅面尺寸 单位：mm

幅面代号	A0	A1	A2	A3	A4
$B \times L$	841×1189	594×841	420×594	297×420	210×297
e	20		10		
c	10			5	
a	25				

注 在 CAD 绘图中对图纸有加长加宽的要求时，应按基本幅面的短边（B）成整数倍增加。

（2）设置图形单位和精度。选择【应用程序】按钮 →【图形实用工具】→【单位】，【图形单位】对话框如图 8-2 所示。

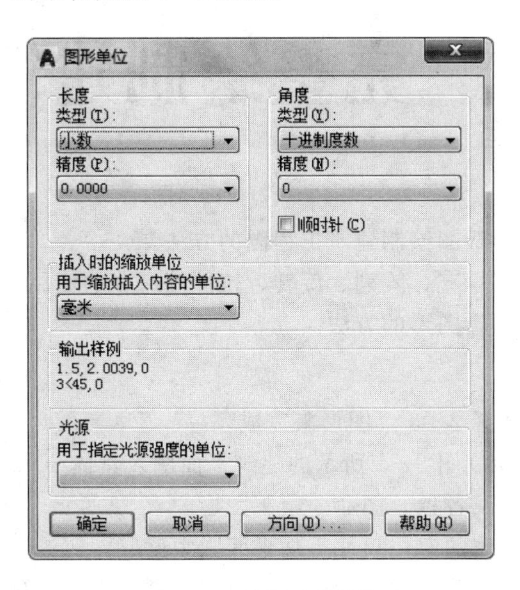

图 8-2　设置图形单位

（3）设置图层、文字样式和尺寸标注样式。按照前面章节的内容分别设置图层、文字样式和尺寸标注样式；或者利用设计中心将已完成实验文件中的相关设置填加到样板文件。

（4）建立符合标准要求的专业图块（如标高、轴网编号等），并对图块进行属性设置；或者利用设计中心将已完成实验文件中的图块填加到样板文件。

（5）绘制标题栏。将实验六中绘制好的标题栏插入图框右下角。

2. 保存 A3 样板图。

打开【图形另存为】对话框，在“文件类型”下拉列表框中选择“AutoCAD 图形样板（*.dwt）”，在“文件名”文字框中输入文件名称 A3，单击【保存】按钮，打开【样板选项】对话框，输入说明内容。

样板图默认保存在 \ Template 路径下，可以指定新的保存路径，如“D: \ 样板图”。

3. 使用 A3 样板图。

利用【新建】命令新建图形文件，打开【选择样板】对话框，在文件列表或指定路径下选择已创建的样板文件 A3，单击【打开】按钮，创建一个新的图形文件，此时绘图窗口将显示图框和标题栏，并包括了样板图中的所有设置。

实验九

完整绘制建筑工程图

一、实验目的

1. 熟练掌握利用样板图绘制建筑工程图的方法。

2. 掌握多线、图案填充、阵列、旋转、拉伸等命令的使用方法。

3. 掌握利用夹点编辑图形的方法。

二、实验内容

根据实际情况，选择 2～3 个图形来完成。

1. 利用样板图，绘制图 9-1 所示的建筑平面图。具体要求如下：

(1) 合理使用图层及各种绘图命令绘制图形。

(2) 各轴线及门、窗的定位尺寸等从平面图中读取。

(3) 选择合适的字体及尺寸标注样式，对图形进行文字注写及尺寸标注。

2. 利用样板图，绘制图 9-2 所示的建筑立面图。具体要求如下：

(1) 合理使用图层及各种绘图命令绘制图形。

(2) 各轴线及门、窗的定位尺寸等从平面图中读取。

(3) 选择合适的字体及尺寸标注样式，对图形进行文字注写及尺寸标注。

3. 利用样板图，绘制图 9-3 所示的建筑剖面图。具体要求如下：

(1) 合理使用图层及各种绘图命令绘制图形。

(2) 选择合适图案和填充比例对楼板、屋面板、楼梯休息平台等进行填充。

(3) 标高符号、轴线编号等均为带属性图块。

(4) 选择合适的字体及尺寸标注样式，对图形进行文字注写及尺寸标注。

三、实验步骤

1. 绘制建筑平面图。

合理利用各种设置，绘制图 9-1 所示建筑平面图。

(1) 设置合适的图形界限 (limits)；合理利用图层，按 1∶1 的绘图比例绘制轴线，并对其进行编号，利用 Ltscale 命令设置合适的线型比例因子。

(2) 利用 Mline 命令绘制墙体，利用多线编辑工具对内外墙体进行编辑。

(3) 利用 Offset 命令对门窗进行定位，同时对墙体进行修剪，插入门窗图块。

(4) 绘制室外台阶及散水。

(5) 绘制楼梯、卫生间附属设施等。

(6) 利用图块插入 Insert 命令插入各种卫生器具。

(7) 设置合适的标注类型，进行尺寸标注。

各步骤绘制过程详见资源 9-1。

资源 9-1
绘制建筑
平面图

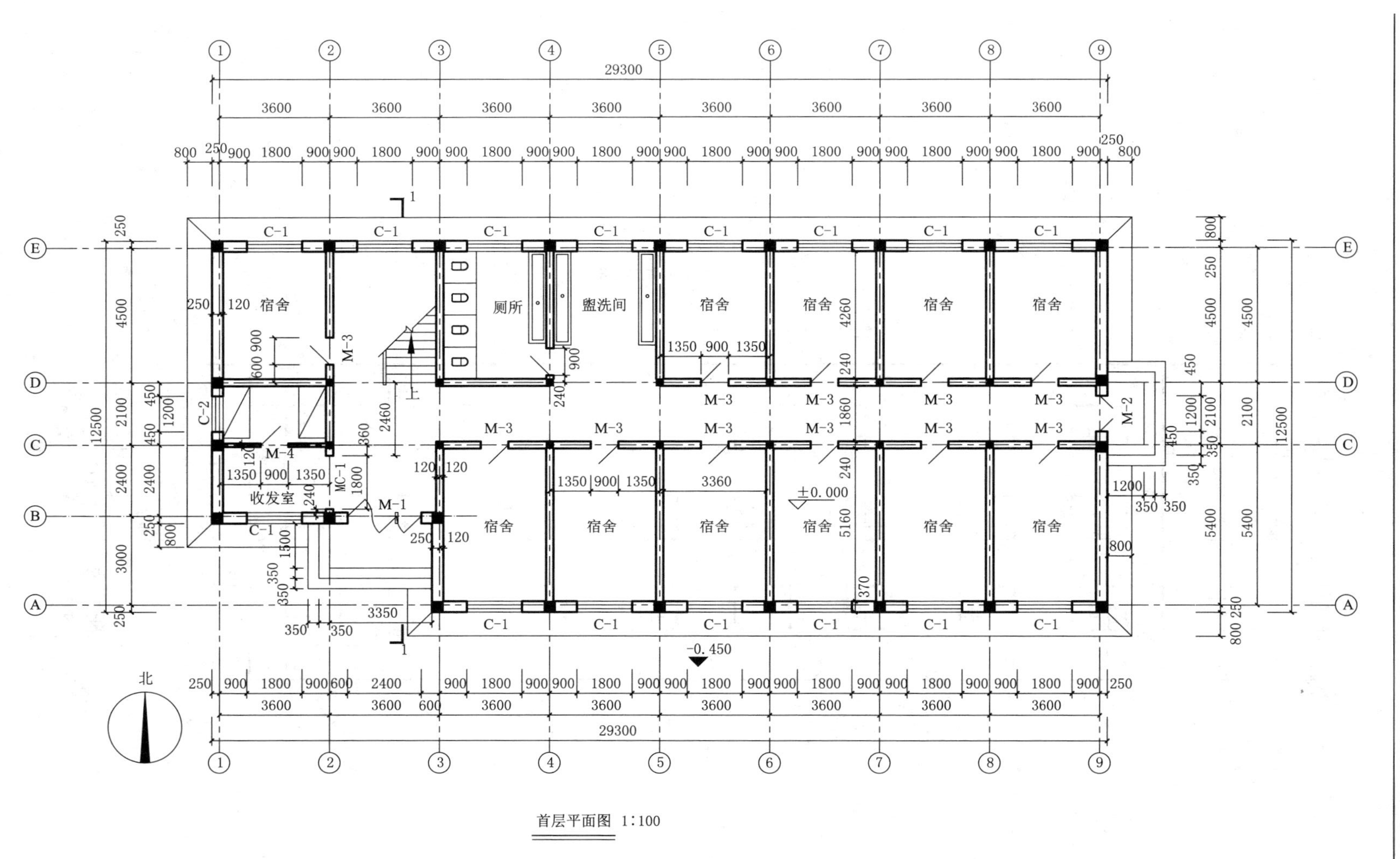

首层平面图 1:100

图 9-1　建筑平面图

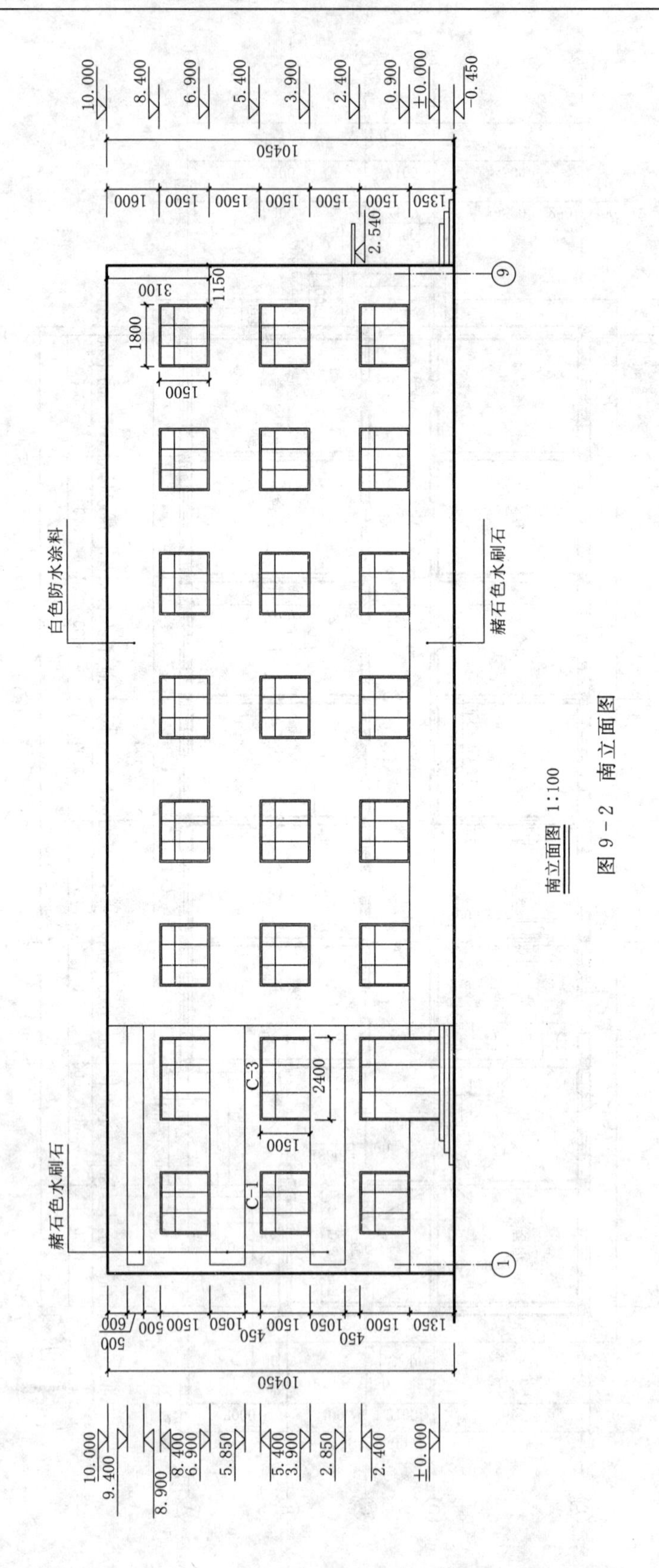
10.000
8.400
6.900
5.400
3.900
2.400
0.900
±0.000
-0.450
10450
1600
1500
1350
2.540
3100
1150
1800
1500
白色防水涂料
赭石色水刷石
C-3
C-1
2400
9.400
8.900
5.850
2.850
500
600
1050
450
南立面图 1:100

图 9-2 南立面图

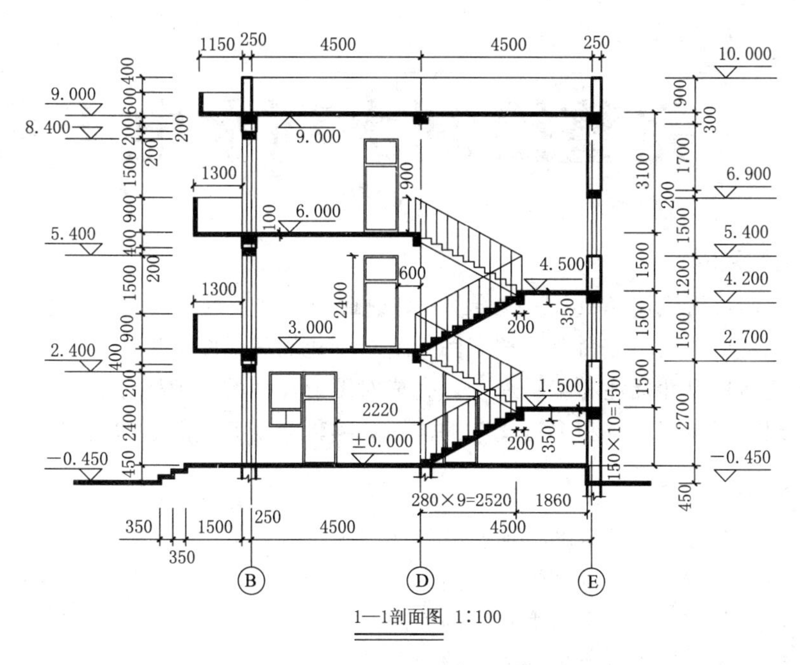

图 9-3　建筑剖面图

2. 绘制建筑立面图。

资源 9-2
绘制建筑
立面图

绘制如图 9-2 所示的建筑立面图，尺寸参考图 9-1 所示的建筑平面图。

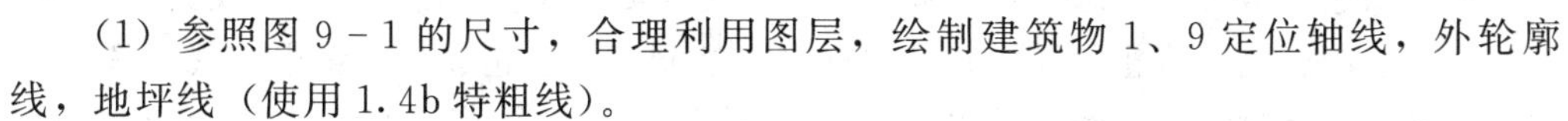

(1) 参照图 9-1 的尺寸，合理利用图层，绘制建筑物 1、9 定位轴线，外轮廓线，地坪线（使用 1.4b 特粗线）。

(2) 合理利用图层，按尺寸分别绘制 C-1（1800mm×1500mm）、C-3（2400mm×1500mm）、M-1（2400mm×2400mm），并将其制作为图块。

(3) 在立面图中首先插入右上角的 C-1，定位尺寸如图 9-2 所示，利用阵列命令生成其余 C-1。并完成 C-3、M-1 的绘制。

(4) 最后为图形标注尺寸，书写图名及比例，完成立面图的绘制。

各步骤绘制过程详见资源 9-2。

3. 绘制建筑剖面图。

资源 9-3
绘制建筑
剖面图

绘制如图 9-3 所示的楼梯剖面图，尺寸参考如图 9-1 所示的建筑平面图。

(1) 合理利用图层，绘制 B、D、E 轴线，绘制墙体并编辑门、窗、过梁等细节，完成外部轮廓。

(2) 按照尺寸绘制楼板及休息平台。

(3) 创建楼梯图块并插入，绘制楼梯梁、楼梯板栏杆。

(4) 对图形进行文字标注、尺寸标注、标高标注及轴线符号标注等，检查完善细节，完成楼梯剖面图的绘制。

各步骤绘制过程详见资源 9-3。

实验十

完整绘制水利水电工程图

一、实验目的

1. 进一步灵活应用 AutoCAD 绘图和修改命令绘制较复杂的水利水电工程图。
2. 合理利用图案填充命令，按照图形要求创建和编辑图案填充。
3. 灵活运用尺寸标注和编辑命令，完成对图形尺寸的合理标注。
4. 合理利用单行文字和多行文字的注写和编辑命令完成图形的文字说明。

二、实验内容

1. 绘制如图 10-1 所示砌石坝段纵剖面图。
2. 绘制如图 10-2 所示水闸纵剖面图。
3. 绘制如图 10-3 所示扬水站纵剖面图。
4. 绘制如图 10-4 所示渡槽槽身结构图。

三、实验步骤

1. 绘制如图 10-1 所示砌石坝段纵剖面图。

(1) 新建 AutoCAD 文件 10-1. dwg，并指定实验八创建的 A3. dwt 文件为样板。

(2) 绘制图线。将粗实线层置为当前层，绘制坝段的轮廓线；将中实线层置为当前层，绘制坝体材料分区线；将细实线层置为当前层，绘制垫层、土工膜和水位线；将虚线层置为当前层，绘制排水管。

(3) 图例符号的填充和绘制。将图案填充层置为当前层，按照图形要求填充钢筋混凝土符号。利用画线命令绘制夯实土壤符号，并利用样条曲线命令绘制砌石符号，浆砌石符号还需填充砌石符号间的空隙。

(4) 尺寸标注。将尺寸标注层置为当前层，并设置当前的标注样式。分别利用线性标注、对齐标注、连续标注等命令对图形进行尺寸标注。

(5) 将文字标注层置为当前层，选择相应的文字样式进行文字的注写。

(6) 利用 I 命令将实验三定义的水工图用标高符号插入到相应位置，并根据图形要求修改标高属性值。

2. 绘制如图 10-2 所示水闸纵剖面图。

(1) 新建 AutoCAD 文件 10-2. dwg，并指定实验八创建的 A3. dwt 文件为样板。

(2) 绘制图线。将粗实线层置为当前层，绘制水闸轮廓线；将细实线层置为当前层，绘制坡度线和墩头素线；将中心线层置为当前层绘制中心线；将虚线层置为当前层，绘制排水管。

根据图形特点，绘图过程中可采用拷贝、阵列、镜像等命令简化绘图过程。

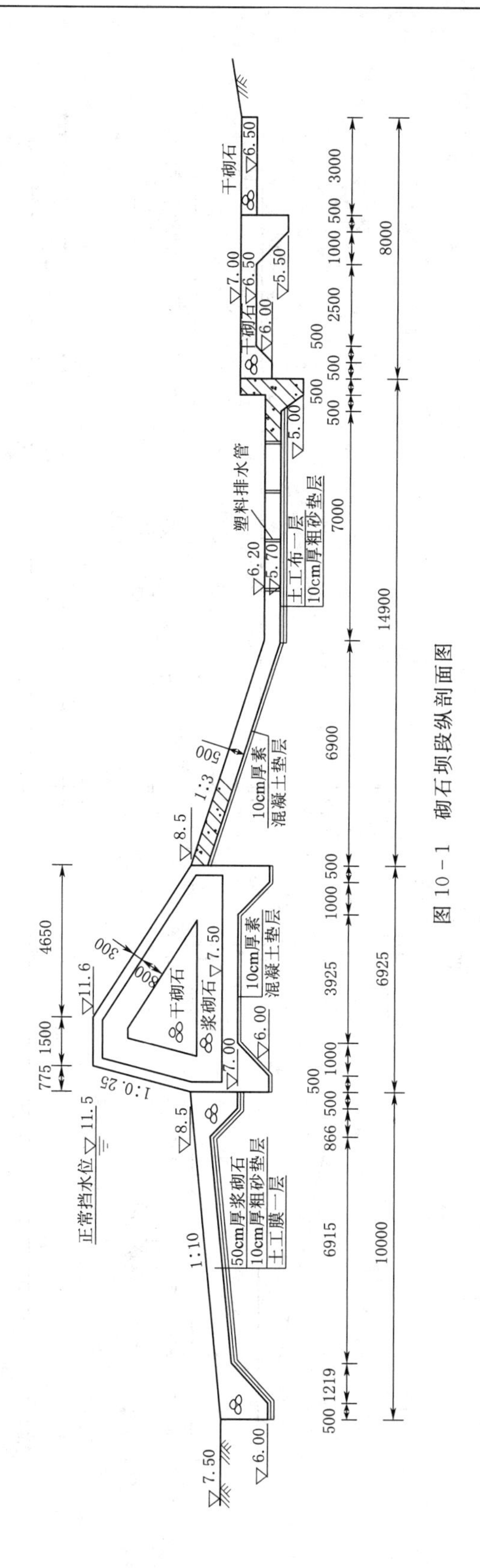

图10-1　砌石坝段纵剖面图

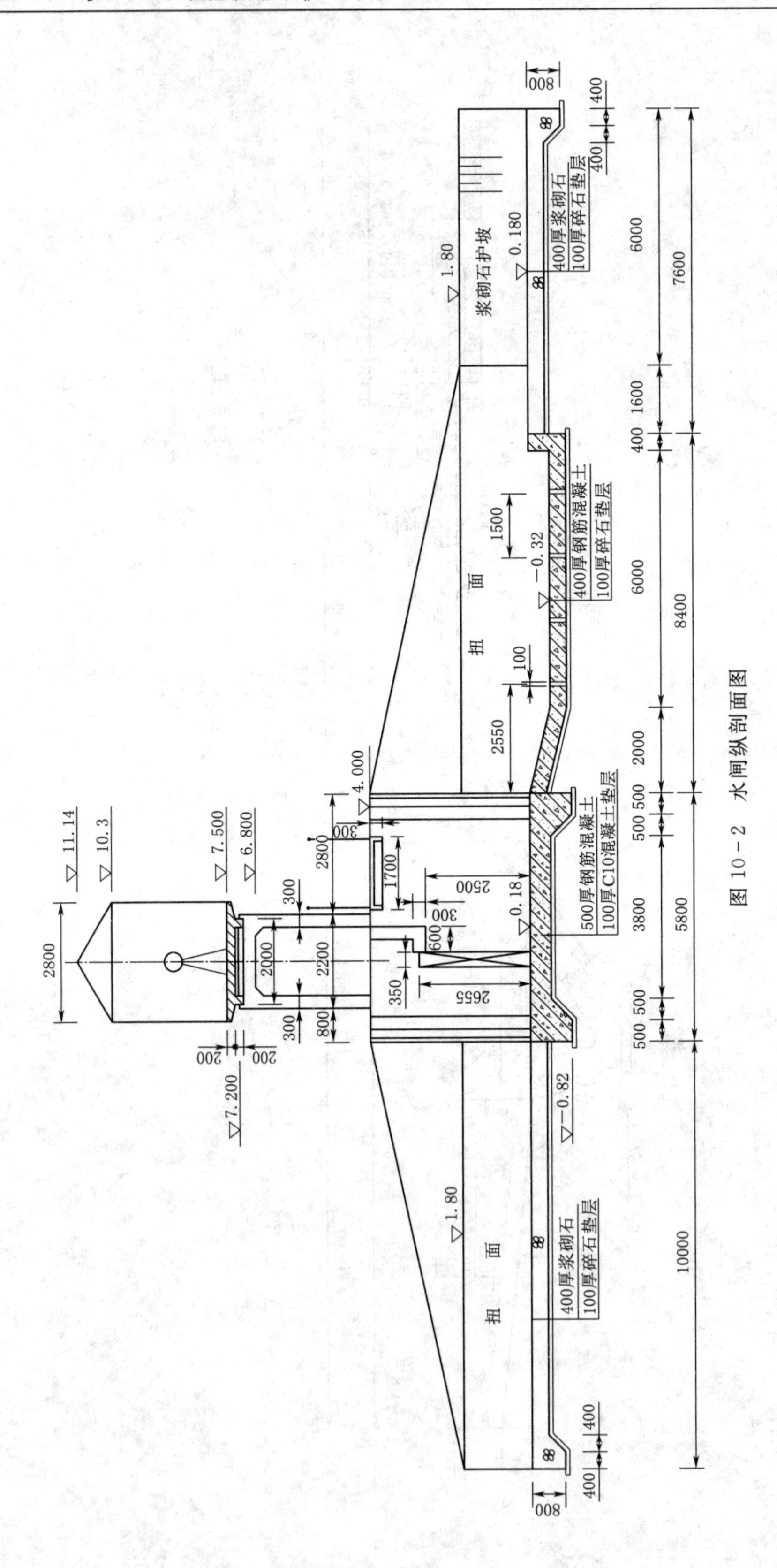
11.14
10.3
7.500
6.800
7.200
4.000
1.80
0.180
−0.32
0.18
−0.82
浆砌石护坡
扭面
400厚浆砌石
100厚碎石垫层
400厚钢筋混凝土
500厚钢筋混凝土
100厚C10混凝土垫层
2800
2000
2200
300
800
200
1700
2500
2655
600
350
2550
100
1500
800
400
6000
1600
3800
500
7600
8400
5800
10000

图 10－2　水闸纵剖面图

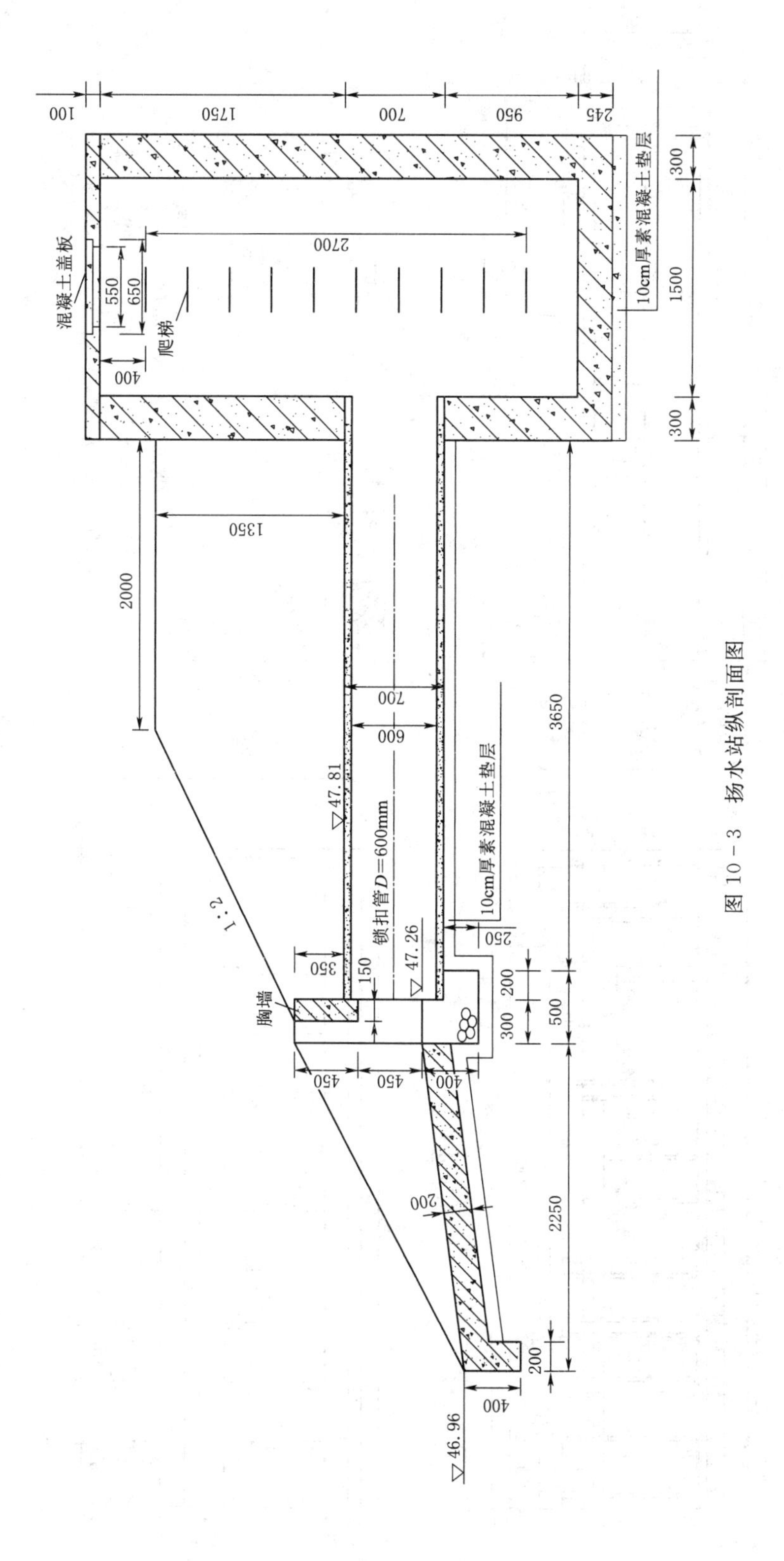

图 10-3　扬水站纵剖面图

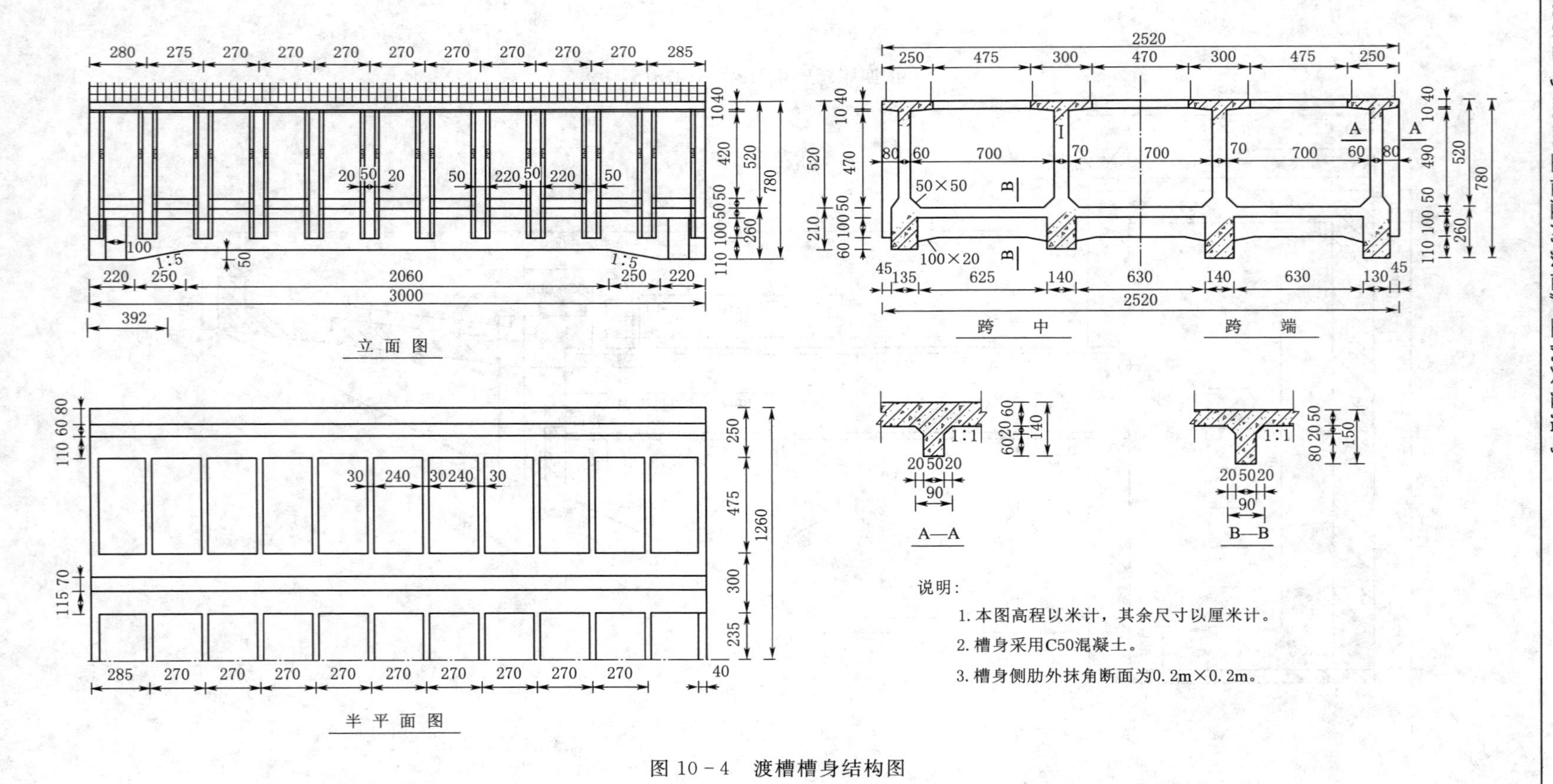

图 10-4 渡槽槽身结构图

（3）在纵剖面图中按图形要求填充钢筋混凝土符号和浆砌石符号。

（4）参考图10－1绘制过程的步骤（3）和步骤（4），按照要求进行尺寸标注和文字注写。

3. 参考图10－1和图10－2的绘图步骤完成图10－3所示扬水站纵剖面图和图10－4所示渡槽槽身结构图的绘制。

实验十一

完整绘制室内给水排水工程专业平面图

一、实验目的

1. 熟练掌握利用样板图正确绘制室内给水排水平面图的方法。
2. 熟练掌握利用极轴追踪正确绘制室内给水排水管道系统图的方法。
3. 掌握多线、样条曲线、图案填充、阵列、旋转、拉伸等命令的使用方法。
4. 掌握利用夹点编辑图形的方法。

二、实验内容

根据具体情况，选择1～2个图形进行绘制。

1. 绘制如图11－1所示的室内给水排水平面图。具体要求如下：

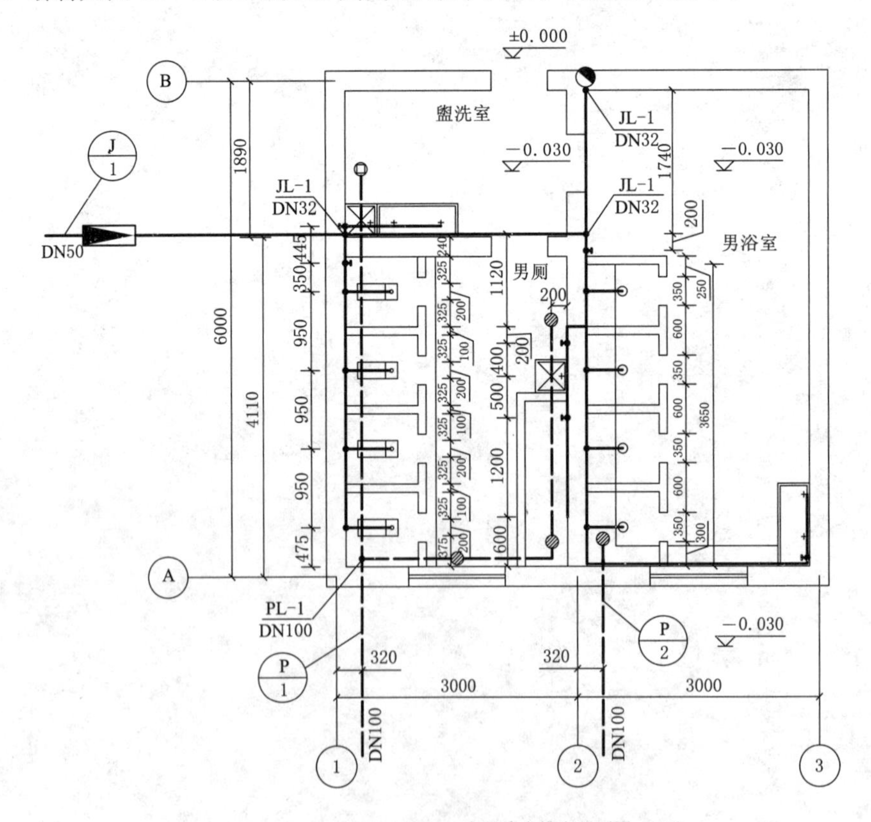

图11－1 室内给水排水平面图

（1）合理使用图层及各种命令，按 1∶1 的绘图比例绘制图形，然后利用缩放（Scale，Sc）命令，按要求将图形缩放为 1∶50。

（2）标高符号、轴线符号、给水及排水管符号等均为带属性图块。

（3）各种附件、卫生器具等均定义为图块。

（4）选择合适字体和尺寸标注样式等对图形进行各种文字标注。

2. 绘制如图 11－2 所示的室内给水管道系统图。具体要求如下：

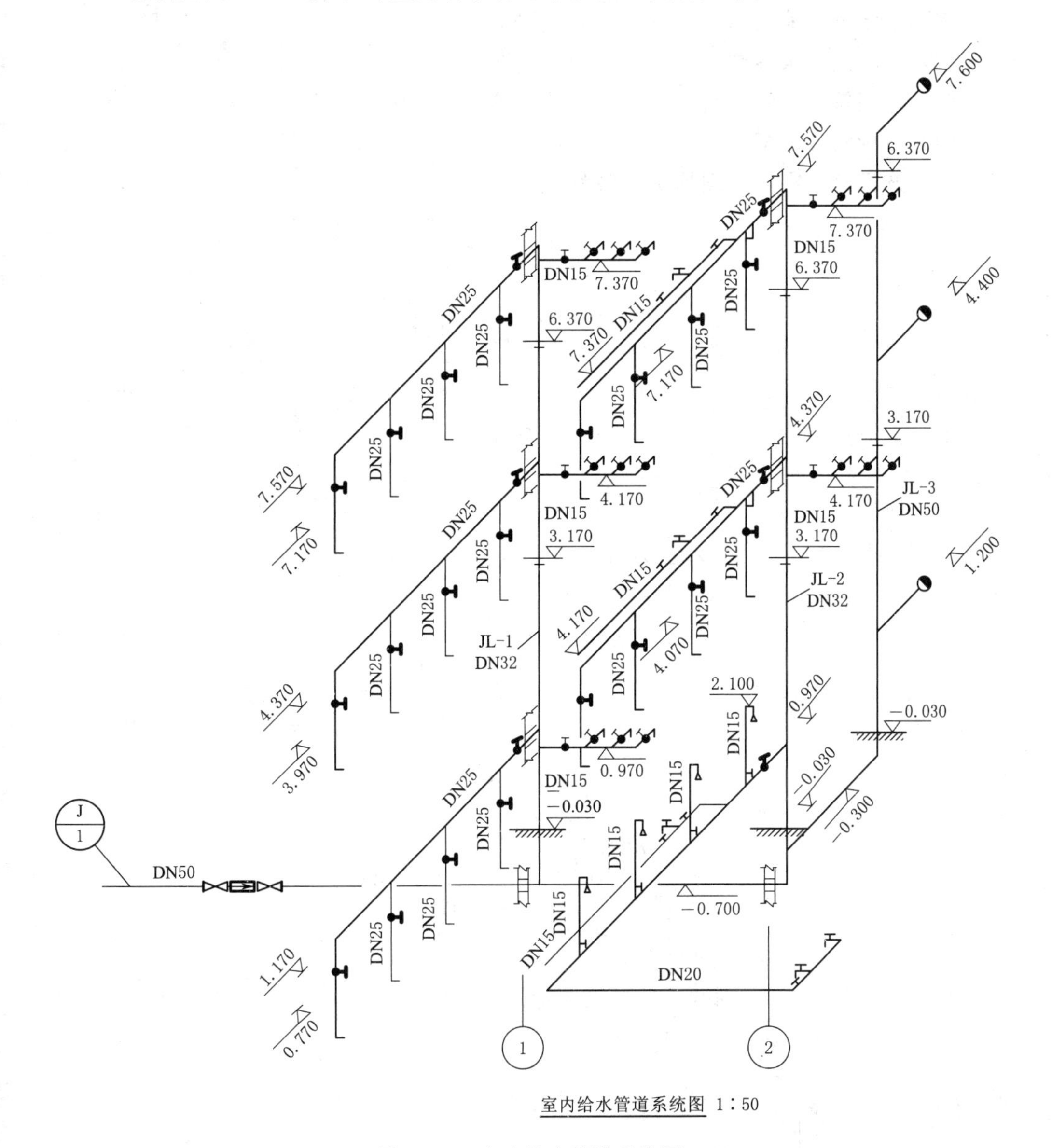

图 11－2　室内给水管道系统图

（1）合理使用图层及各种命令，按 1∶1 的绘图比例绘制图形，然后利用 Sc 命令，按要求将图形缩放为 1∶50。

(2) 系统图中未标注尺寸从平面图中读取。

(3) 标高符号、轴线符号、给水及排水管编号等均为带属性图块。

(4) 各种附件、配件等均定义为图块。

(5) 选择合适字体对图形进行各种文字标注。

3. 绘制如图 11-3 所示的室内排水管道系统图。具体要求如下：

(1) 合理使用图层及各种命令，按 1∶1 的绘图比例绘制图形，然后利用 Sc 命令，按要求将图形缩放为 1∶50。

(2) 系统图中未标注尺寸从平面图中读取。

(3) 标高符号、轴线符号、排水管编号等均为带属性图块。

(4) 各种附件、配件等均定义为图块。

(5) 选择合适字体对图形进行各种文字标注。

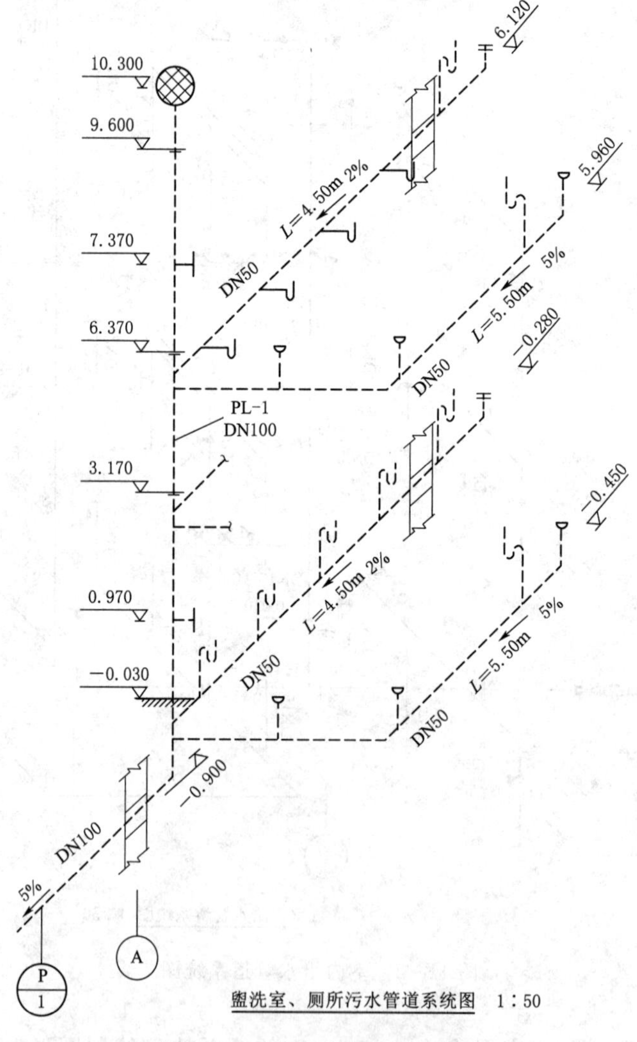

图 11-3 室内排水管道系统图

L—管道长度

三、实验步骤

1. 绘制室内给水排水平面图。

合理利用各种设置，绘制图 11－1 所示室内给水排水平面图。

（1）按 1∶1 的绘图比例，绘制图 11－1 和图 11－2 所示建筑物室内平面图。

（2）根据图 11－1 和图 11－2 所示位置和尺寸，在“给水管道”层绘制所有的给水管道。

（3）根据图 11－1 和图 11－2 所示位置和尺寸，在“给水附件”层绘制所有的给水附件。

（4）根据图 11－1 和图 11－2 所示位置和尺寸，在“排水管道”层绘制所有的排水管道。

（5）根据图 11－1 和图 11－2 所示位置和尺寸，在“排水附件”层绘制所有的排水附件。

（6）利用 Sc 命令，将图形按 1/50（即 0.02）的比例因子进行缩放。

（7）利用打断（Break，Br）命令，将处于下方的管道断开。

（8）根据图 11－1 所示位置，合理利用图层，标注各种文字、尺寸，并插入图块，得到如图 11－1 所示图形。

2. 绘制室内给水管道系统图。

合理利用各种设置，绘制图 11－2 所示的室内给水管道系统图。

（1）打开极轴追踪工具，并将极轴“增量角”设置为 45°。

（2）根据图 11－2 所示各标高尺寸，沿高度方向绘制必要的定位辅助线，再分别利用“给水管道”和“给水附件”层绘制给水引入管、一组立管、水平支管及附件。

（3）增加墙体和地面等必要的图形轮廓，再利用阵列（Array，Ar）或复制（Copy，Co）命令得到其他水平支管。

（4）合理利用各种绘图及修改命令，完成 JL－1 主题部分的绘制。

（5）利用 Sc 命令，将图形按 0.02 的比例因子进行缩放。

（6）利用 Br 命令，将处于其他层的管道断开。

（7）根据图 11－2 所示位置，合理利用图层，标注各种文字、尺寸，并插入图块，得到如图 11－2 所示图形。

3. 绘制室内排水管道系统图。

参照图 11－2 的绘制步骤，合理利用各种设置，绘制图 11－3 所示的室内排水管道系统图。

实验十二

三维建模简介

一、实验目的

1. 了解三维建模的分类方法。

2. 掌握 UCS 坐标系的使用方法。

3. 掌握三维模型的视觉样式和观察三维模型的方法。

4. 掌握创建三维实体模型的主要方法。

5. 掌握利用布尔运算创建复杂三维实体的方法。

6. 掌握编辑三维实体模型的主要方法。

7. 掌握由三维模型生成剖面图的方法。

8. 掌握由三维实体模型生成二维平面图形及三维线框模型的方法。

二、实验内容

1. 按要求绘制以下三维模型。

（1）30mm×30mm×30mm 的立方体。

（2）半径为 40mm 的实心球体。

（3）底面半径为 30mm，高为 50mm 的圆柱体。

（4）半径（指圆环中半径）为 40mm，圆管半径为 10mm 的圆环体。

（5）底面长宽为 30mm × 40mm，高 50mm 的楔形体。

2. 利用拉伸命令创建图 12 - 1 所示实体模型。

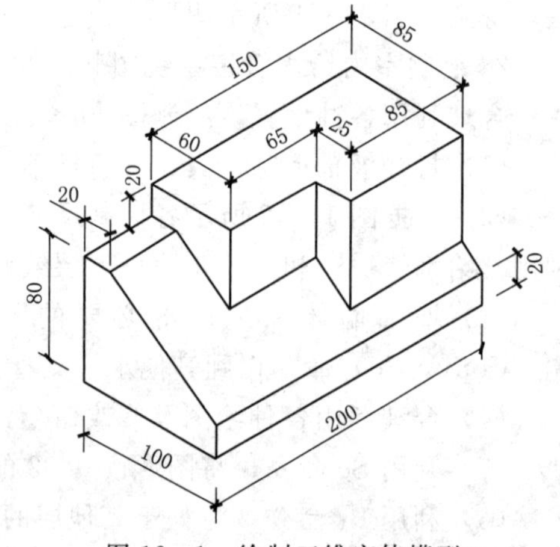

图 12 - 1　绘制三维实体模型

3. 完成三维模型的创建，并生成三维模型 1—1、2—2 剖面图，如图 12 - 2 所示。

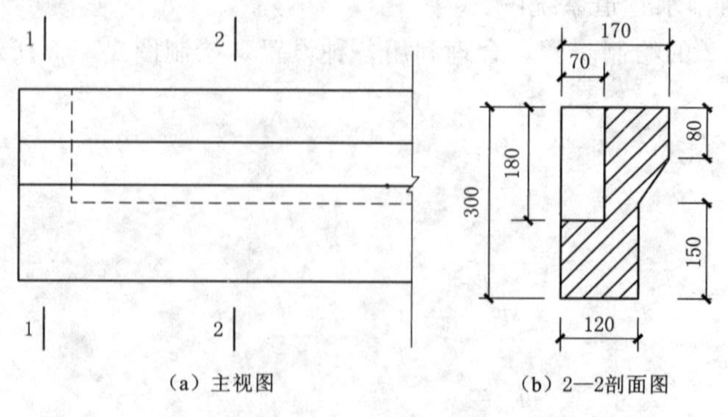

（a）主视图　（b）2—2剖面图

图 12 - 2　生成剖面图

4. 根据图 12－1 创建的实体模型，利用实体轮廓命令生成三视图及轴测图，并完成尺寸标注，见图 12－3。

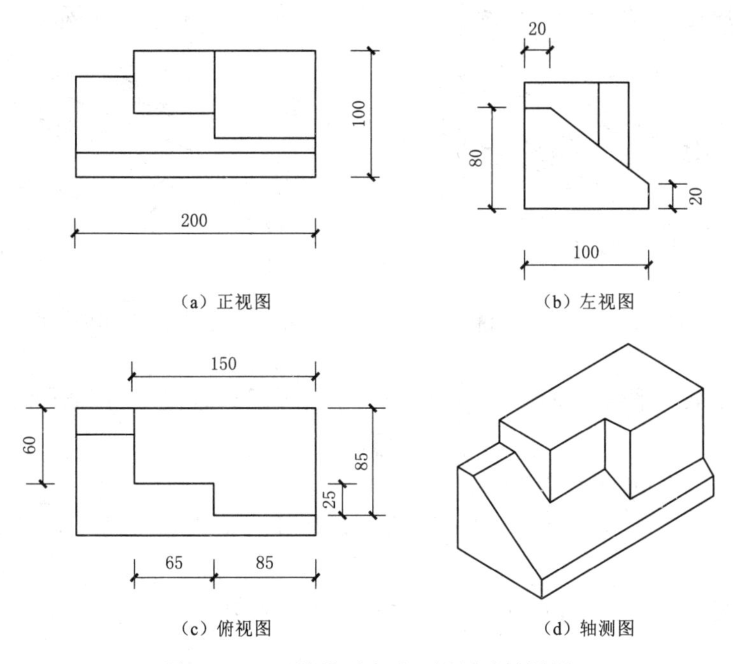

图 12－3　三维模型生成三视图及轴测图

三、实验步骤

1. 按要求绘制三维模型。

具体绘制步骤详见资源 12 中的视频“SY12－1”。

资源 12
实验十二的
实验步骤

2. 利用拉伸命令创建以下实体模型。

(1) 设置合适的 UCS 坐标，绘制底座梯形侧面，然后利用拉伸命令形成底座。

(2) 设置合适的 UCS 坐标，绘制上部 L 形底面，然后利用拉伸命令形成上面部分。

具体绘制步骤详见资源 12 中的视频“SY12－2”。

3. 完成三维模型的创建，并生成三维模型 1—1、2—2 剖面图。

(1) 利用拉伸命令生成如图 12－4 所示两个基本形体。

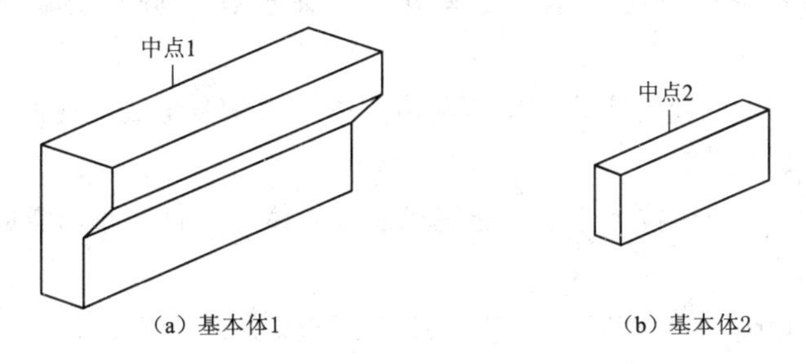

图 12－4　拉伸命令生成基本形体

（2）利用移动命令将基本体2的中点2与基本体1的中点1对正，形成组合体，如图12-5所示。

（3）利用差集（Subtract）命令生成最终组合体，如图12-6所示。

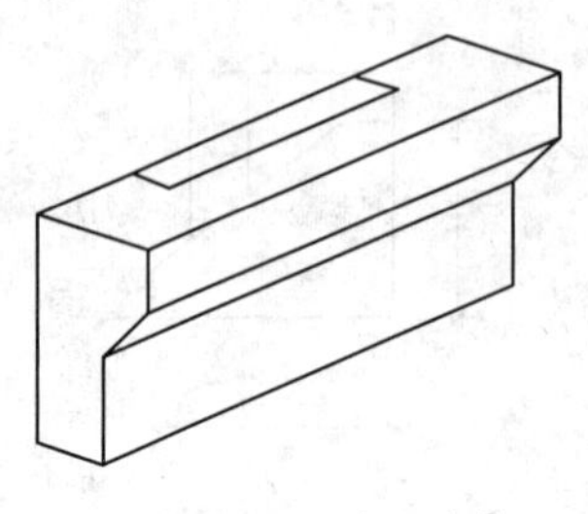

图12-5　生成组合体

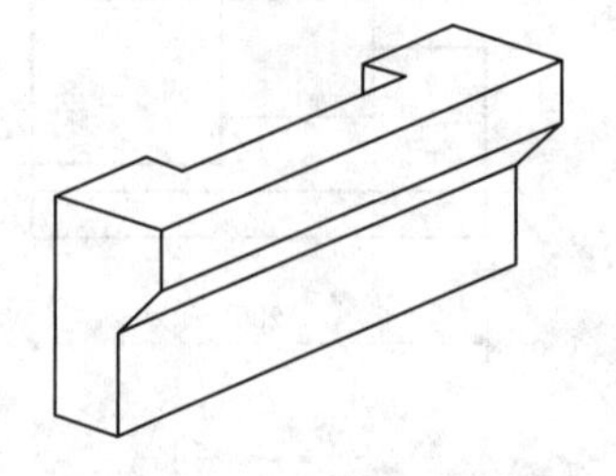

图12-6　差集后的组合体

（4）利用截切平面（Sectionplane）命令，生成1—1、2—2剖面图，如图12-7所示。

命令：_ sectionplane 类型＝平面

选择面或任意点以定位截面线或［绘制截面(D)/正交(O)/类型(T)］：O（选择正交方式）

将截面对齐至：［前(F)/后(A)/顶部(T)/底部(B)/左(L)/右(R)］＜左＞：L（选择左）

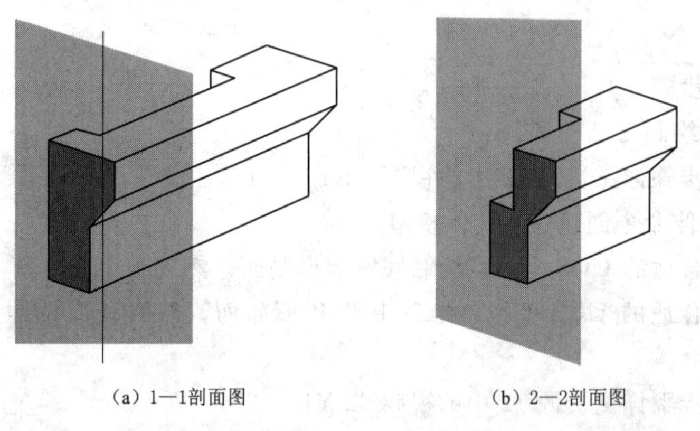

(a) 1—1剖面图　　(b) 2—2剖面图

图12-7　生成1—1、2—2剖面图

对生成的剖面图进行图案填充等操作。具体操作步骤详见资源12中的视频“SY12-3”及“SY12-4”。

4. 根据图12-1创建的实体模型，利用实体轮廓命令生成三视图及轴测图，并完成尺寸标注，见图12-3。

（1）在模型空间利用拉伸命令创建完成三维实体后，打开布局空间，创建四个视口，如图12-8所示。

（2）利用Solprof命令在各个视口分别创建三维模型实体轮廓。

（3）创建一新的CAD文件，将以上创建的各实体轮廓复制到新文件中，并进行适当编辑及尺寸标注。具体操作步骤详见资源12中的视频“SY12-5”。

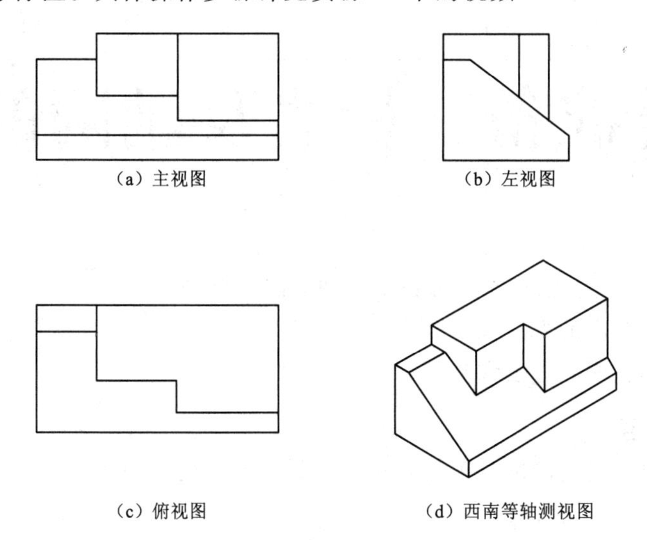

图12-8　布局空间设置四个视口及各视口视图方向

实验十三

项目准备、标高及轴网的创建

一、实验目的

1. 了解 Revit 模型创建前的准备工作和所需资料。
2. 掌握创建标高的方法和步骤。
3. 掌握创建轴网的方法和步骤。

二、实验内容

1. 熟悉项目创建前的准备工作，包括项目概况、模型创建要求及项目二维图纸。
2. 创建物业楼项目标高。
3. 创建物业楼项目轴网。

三、实验步骤

1. 项目准备。

(1) 项目概况。

工程名称：某物业楼工程。

建筑面积：1290.78m^2。

建筑层数：地上 2 层。

建筑高度：7.8m。

建筑的耐火等级为二级，建筑主体工程使用年限 50 年。

建筑结构为钢筋混凝土框架结构，抗震设防烈度为 7 度。

本建筑设计±0.000 标高相对于绝对标高为 28.100m，室内外高差 30cm。

标高及总平面尺寸以米为单位，其他尺寸以毫米为单位。

(2) 模型创建要求。

1) 外墙采用 300 (200) mm 厚的加气混凝土砌块外贴 50 (70) mm 厚膨胀聚苯板，内部采用乳胶漆喷涂。

2) 内墙采用 200 (100) mm 厚的加气混凝土砌块，墙身内外均采用乳胶漆喷涂。

3) 屋面采用 100mm 厚钢筋混凝土屋面板加 140mm 厚膨胀聚苯板；一楼和二楼楼板分别采用 200mm 和 130mm 厚的现浇钢筋混凝土。

4) 外门窗框料：窗户框料为塑钢，幕墙及门框料详见门窗表及大样图。

(3) 项目主要图纸。

本项目包括建筑和结构两部分内容。创建模型时，应严格按照图纸的尺寸进行创建。相关二维图纸见资源 13－1。

资源 13－1
物业楼建筑
和结构图纸

扫描图 13－1 所示二维码可以从不同视角观察项目完成后的整体和局部效果，在模型创建前或建模过程中帮助形成直观的认知效果。

资源 13-2
标高和轴网的创建

2. 创建项目标高。

(1) 启动 Revit 2018 或其他相近版本，默认打开“最近使用的文件”页面。单击左上角的按钮，在列表中选择【新建】→【项目】命令，弹出【新建项目】对话框，如图 13-2 所示。在“样板文件”的选项中选择“结构样板”，确认“新建”类型为项目，单击 确定 按钮，即完成了新项目的创建。

图 13-1　项目模型二维码

图 13-2　【新建项目】对话框

(2) 默认打开“标高 1”结构平面视图。在项目浏览器中展开“立面”视图类别，双击“南立面”视图名称，切换至南立面。在南立面视图中，显示项目样板中设置的默认标高“标高 1”和“标高 2”，且“标高 1”的标高为“±0.000m”，“标高 2”的标高为 3.000m，如图 13-3 所示。

图 13-3　默认南立面视图

(3) 在视图中适当放大标高右侧标头位置，单击鼠标左键选中“标高 1”文字部分，进入文本编辑状态，将“标高 1”改为“1F”后点击回车，会弹出【是否希望重命名相关视图】对话框，选择【是】。采用同样的方法将“标高 2”改为“2F”，如图 13-4 所示。

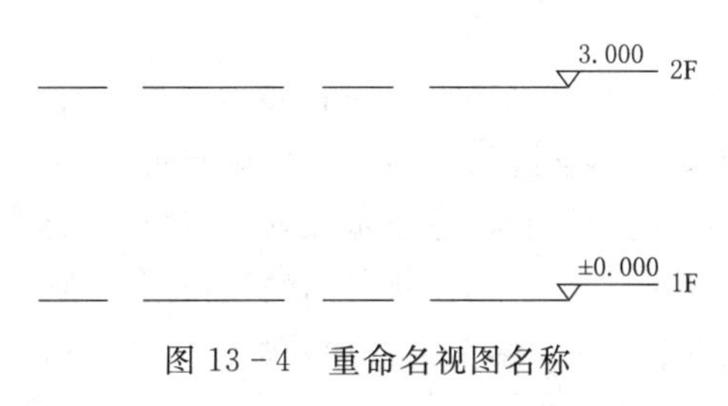

图 13-4　重命名视图名称

(4) 移动鼠标至“标高 2”标高值位置，双击标高值，进入标高值文本编辑状态。按键盘上的【Delete】键，删除文本编辑框内的数字，键入“3.8”，如图 13-5 所示，按回车键确认。此时 Revit 修改“2F”的标高值为“3.8m”，并自动向上移动“2F”标高线。

图 13-5 修改标高值

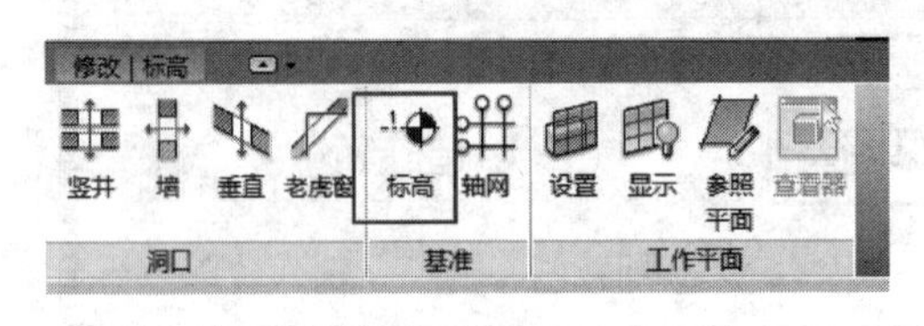

图 13-6 放置标高

(5) 如图 13-6 所示，单击【结构】→【基准】→【标高】命令，进入放置标高模式，Revit 自动切换至【放置标高】上下文选项卡。

(6) 采用默认设置，移动鼠标光标至标高 2F 左侧上方任意位置，Revit 在光标与标高“2F”间显示临时尺寸，指示光标位置与“2F”标高的距离。移动鼠标，当光标位置与标高“2F”端点对齐时，Revit 捕捉已有标高端点并显示端点对齐蓝色虚线，再通过键盘输入或鼠标控制屋面标高与标高“2F”的标高差值“3500”，如图 13-7 所示。单击鼠标左键，确定 7.3m 屋顶层标高。

图 13-7 新建屋顶标高

(7) 沿水平方向向右移动鼠标光标，在光标和鼠标间绘制标高。适当放大视图，当光标移动至已有标高右侧端点时，Revit 显示端点对齐位置，单击鼠标左键完成屋面标高的绘制，并按步骤 (3) 修改名称为“屋顶”。

(8) 单击选择新绘制的屋顶层，单击【修改】→【复制】命令，勾选选项栏中的“约束”和“多个”选项，如图 13-8 所示。

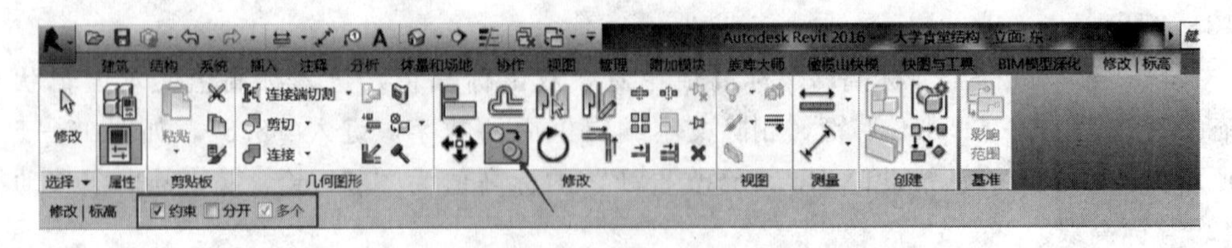

图 13-8 复制其他标高

（9）单击屋顶标高上任意一点作为复制基点，向上移动鼠标，使用键盘输入数值“3100”并按回车键确认，Revit自动在屋顶层上方3100mm处生成新标高，修改标高的名称改为“女儿墙顶”，如图13－9所示。

图13－9 复制完成的结构标高

（10）为女儿墙顶标高创建相应的结构平面视图。单击【视图】→【创建】→平面视图→【结构平面】命令，如图13－10所示，Revit打开【新建结构平面】对话框。

（11）如图13－11所示，在【新建结构平面】对话框中按住【Ctrl】键或【Shift】键选中“女儿墙顶”，然后按确定按钮，Revit在项目浏览器中创建与标高同名的结构平面视图。

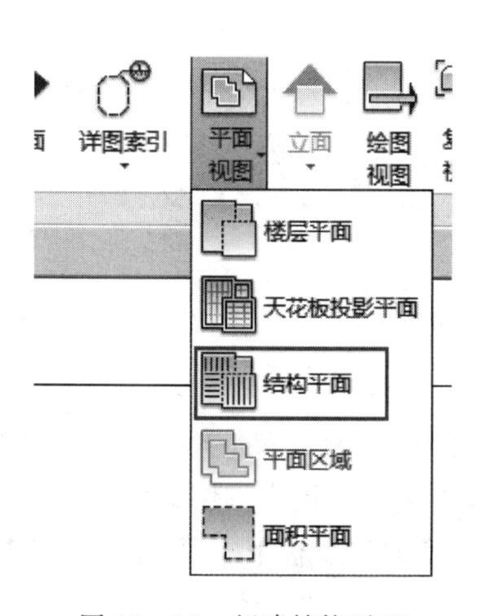

图13－10 新建结构平面

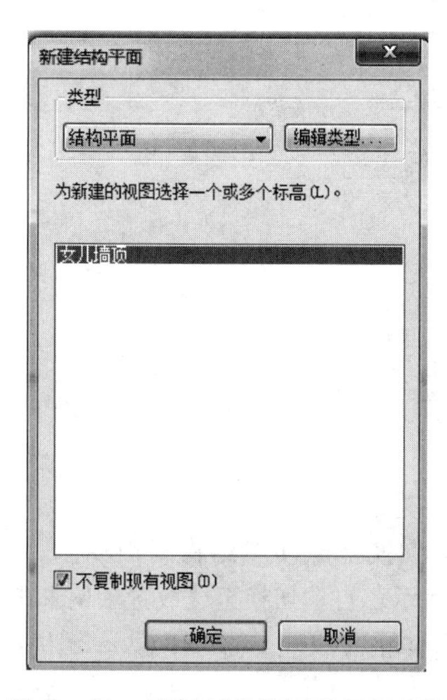

图13－11 创建已复制标高的平面视图

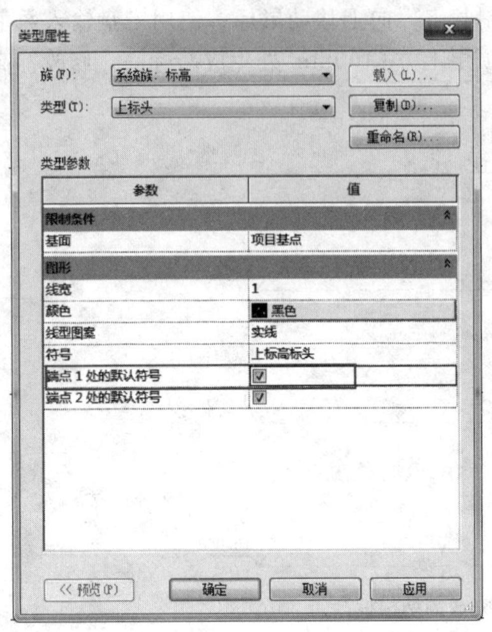

图 13－12　更改类型属性

（12）按照步骤（10）和步骤（11）创建室外地面标高和相应的结构平面视图，并在属性窗口修改标头形式为下标头。

（13）点击其中任意一条标高线，单击左侧编辑类型，勾选“端点 1 处的默认符号”，如图 13－12 所示。

（14）双击鼠标中键缩放显示当前视图中全部图元，此时已在 Revit 中完成了物业楼项目的结构标高绘制，结果如图 13－13 所示。在项目浏览器中，依次切换至“东、西、北”立面视图，在其他立面视图中，已生成与南立面完全相同的标高。

（15）单击按钮，在弹出的菜单中选择【保存】命令，弹出【另存为】对话框，指定保存位置并命名为“物业楼建筑”，单击 保存(S) 按钮，将项目保存为“.rvt”格式文件。

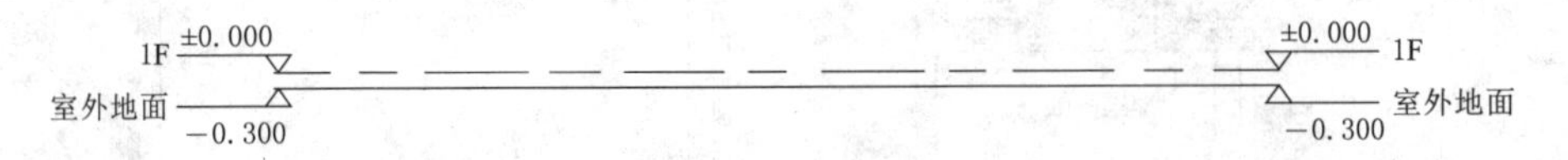

图 13－13　项目标高绘制

3. 创建项目轴网。

（1）切换至“1F”结构平面视图，单击【结构】→【基准】→【轴网】，如图 13－14 所示，自动切换至【放置轴网】上下文选项卡中，进入轴网放置状态。

（2）单击【属性】面板中编辑类型按钮，弹出【类型属性】对话框。如图 13－15 所示，“类型”为“6.5mm 编号”，“轴线中段”为“连续”，“轴线末端颜色”选择“红色”，并勾选“平面视图轴号端点 1”和“平面视图轴号端点 2”，单击 确定

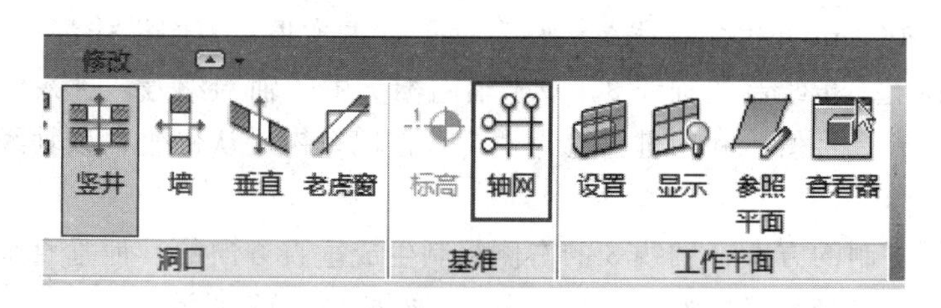

图 13－14　【放置轴网】上下文选项卡

按钮退出【类型属性】对话框。

（3）单击鼠标左键分别确定第 1 条垂直轴线的起点和终点，完成第一条垂直轴线的绘制，并自动将该轴线编号为“1”。

（4）确认 Revit 仍处于放置轴线状态。移动鼠标光标至上一步中绘制完成的轴线 1 起始端点右侧任意位置，Revit 自动捕捉该轴线的起点，给出端点对齐捕捉参考线，并在光标与轴线 1 间显示临时尺寸标注，指示光标与轴线 1 的间距。利用键盘输入“6900”并按回车键，将在距轴线 1 右侧 6900mm 处确定第二根垂直轴线起点，如图 13－16 所示。

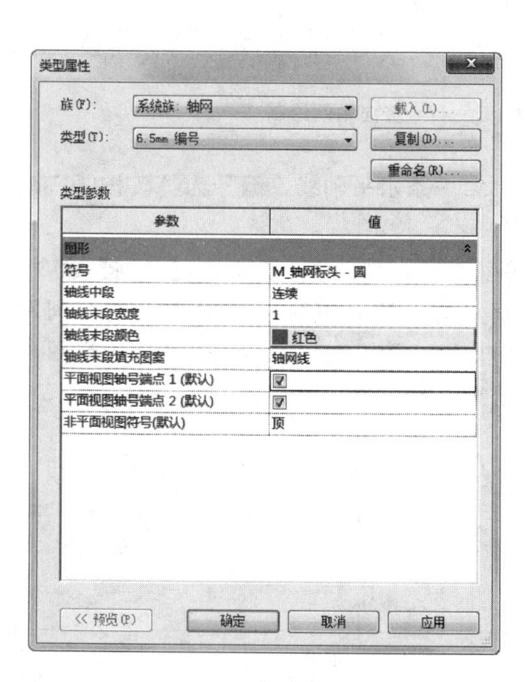

图 13－15　轴网【类型属性】对话框

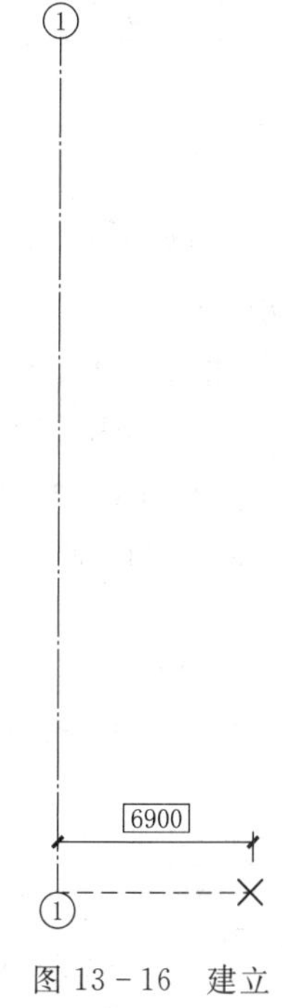

图 13－16　建立竖向轴网

（5）沿垂直方向移动鼠标，直到捕捉到轴线 1 上方端点时单击鼠标左键，完成第 2 根垂直轴线的绘制，该轴线自动编号为“2”。按【Esc】键两次退出放置轴网模式。

（6）单击选择新绘制的轴线 2，在修改面板中单击【复制】命令，确认勾选选项栏“约束”和“多个”选项。单击轴线 2 上任意一点作为复制基点，向右移动鼠标，使用键盘输入数值“6900”并按回车确认，作为第一次复制的距离，Revit 将自动在轴线 2 右方 6900mm 处生成轴线 3。按【Esc】键两次退出复制模式。

（7）选择上一步绘制的轴线 3，双击轴网标头中的轴网编号，进入编号文本编辑状态，删除原有标号值，利用键盘输入“3”，按回车键确认修改，该轴线编号将修改为“3”。

（8）使用复制的方式在轴线 3 的右侧复制生成垂直方向的其他垂直轴线，间距均为 6900mm，依次修改编号为 4、5、6 和 7，如图 13－17 所示。

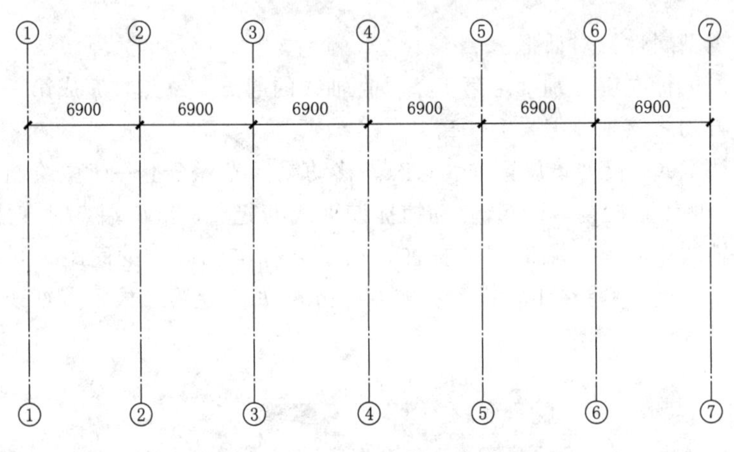

图 13－17 竖向轴网绘制

（9）单击【轴网】命令，绘制第一条水平轴线，编号为 A。按【Esc】键两次退出放置轴网模式。

（10）单击选择新绘制的水平轴线 A，单击修改面板中【复制】命令，拾取轴线 A 上任意一点作为复制基点，垂直向上移动鼠标，依次输入复制间距 6000mm、2000mm、6600mm，轴线编号将自动生成为 B、C、D。适当缩放视图，观察 Revit 已完成了物业楼项目轴网绘制，结果如图 13－18 所示。

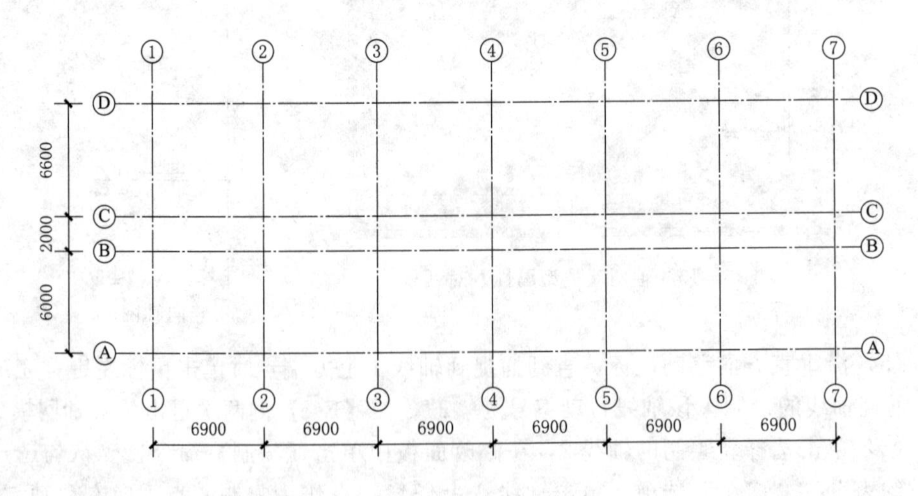

图 13－18 项目轴网绘制

(11) 切换至其他结构平面视图，注意 Revit 已在其他结构平面视图中生成相同的轴网。切换至“南”立面视图，在南立面视图中也已生成 1～7 轴网投影。

在添加完轴网后，应分别在南立面与东立面视图中，采用修改轴网长度或标高长度的方法，使标高和轴网全部相交。

(12) 单击按钮，在弹出的菜单中选择【保存】命令保存该文件。

4. 标注轴网。

为了美观，在标注之前应对轴网的长度进行适当修改。

(1) 切换至 1F 结构平面视图，单击轴网 1，选择该轴网图元，自动进入到【修改｜轴网】上下文选项卡。如图 13－19 所示，移动鼠标至轴线 1 标头与轴线连接处圆圈位置，按住鼠标左键不放，垂直向下移动鼠标，拖动该位置至图中所示位置后松开鼠标左键，Revit 将修改已有轴线长度。注意，由于 Revit 默认会使所有同侧同方向轴线保持标头对齐状态，因此修改任意轴网后，同侧同方向的轴线标头位置将同时被修改。

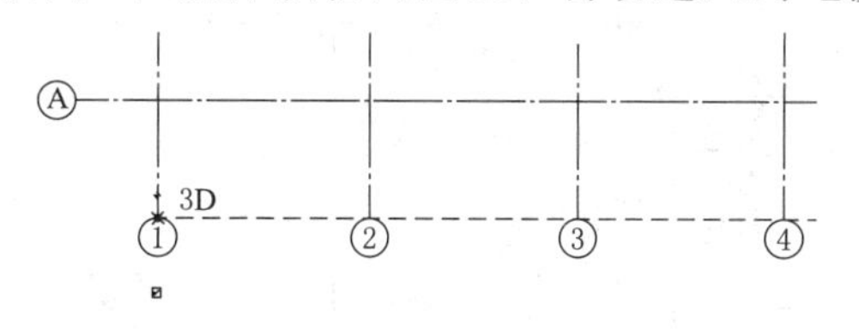

图 13－19 编辑轴网

(2) 使用相同的方式，适当修改水平方向轴线长度。切换至 2F 结构平面视图，注意该视图中轴网长度已经被同时修改。

(3) 如图 13－20 所示，单击【注释】→【尺寸标注】→【对齐尺寸标注】命令，Revit 进入放置尺寸标注模式。

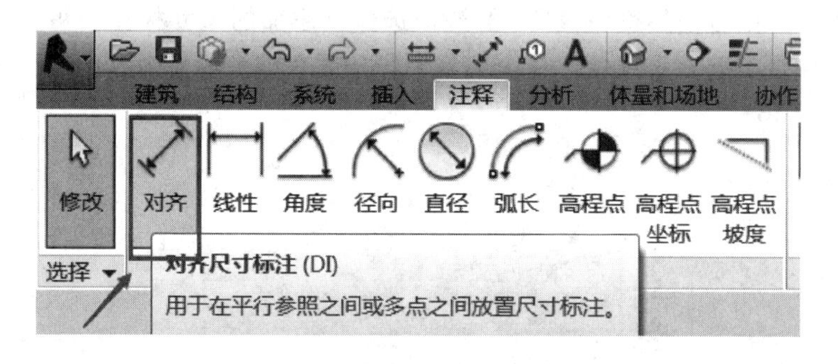

图 13－20 选择【对齐尺寸标注】

(4) 移动鼠标光标至轴线 1 任意一点，单击鼠标左键作为对齐尺寸标注的起点，向右移动鼠标至轴线 2 上任一点并单击鼠标左键，以此类推，分别拾取并单击轴线 1～7，完成后向下移动鼠标至轴线下适当位置点击空白处，即完成垂直轴线的尺寸标注，结果如图 13－21 所示。

(5) 确认仍处于对齐尺寸标注状态。依次拾取轴线 1 及轴线 7，在上一步骤中创建尺寸线下方单击放置生成总尺寸线。

(6) 重复上一步骤，使用相同的方式完成轴线 A～D 的尺寸标注，为了方便读者观看，在此将状态栏视图比例调整为 1∶100，结果如图 13－22 所示。

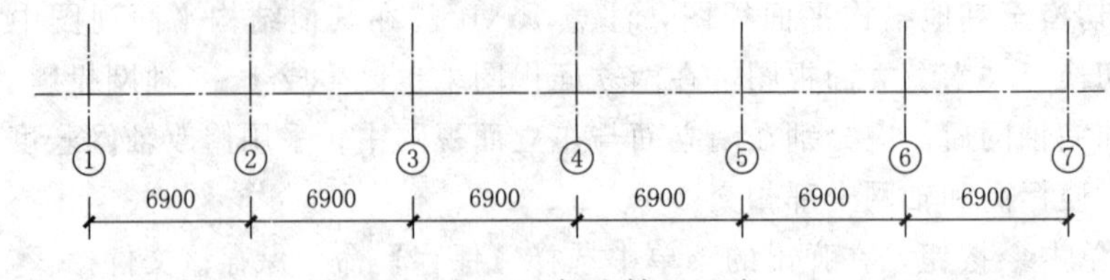

图 13-21　标注轴网尺寸

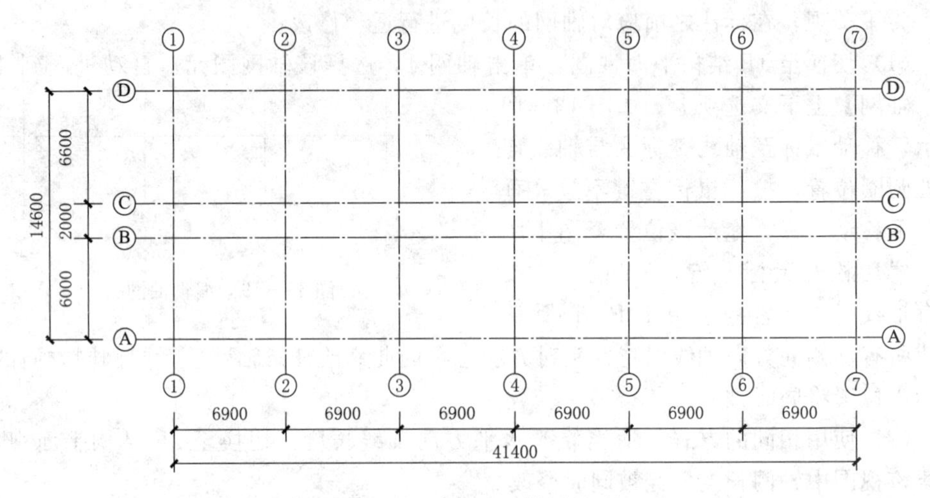

图 13-22　标注 1F 轴网尺寸

（7）切换至 2F 结构平面视图，注意该视图中并未生成尺寸标注。再次切换回 1F 结构平面视图，配合使用键盘【Ctrl】键，选择已添加的尺寸标注。可以先单击其中一条标注，单击右键并采用【选择全部实例】→【在整个项目中】的特性方式选择所有标注，见图 13-23。

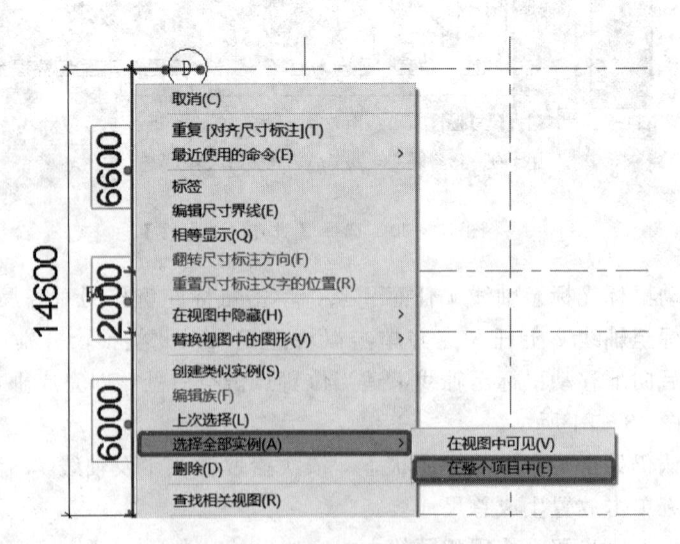

图 13-23　按实例特性选择

自动切换至【修改 | 尺寸标注】上下文选项卡。如图 13－24 所示，单击【剪贴板】→按钮→→【与选定的视图对齐】选项，将弹出【选择视图】对话框。

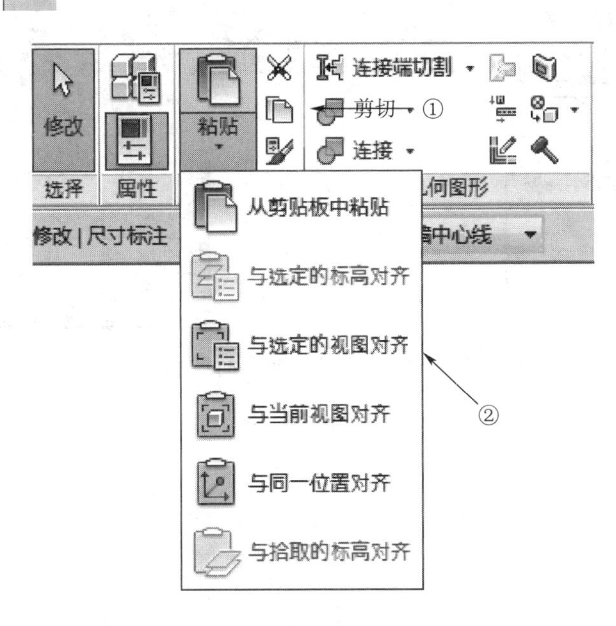

图 13－24　复制尺寸标注

（8）在如图 13－25 所示【选择视图】对话框列表中，配合使用【Ctrl】键或【Shift】键，依次选择其他视图并单击 确定 按钮，退出【选择视图】对话框。

切换至 2F 结构平面视图。注意所选择尺寸标注已经出现在当前视图中。使用相同的方式查看其他视图中的轴网尺寸标注。

（9）保存该项目文件。

除逐个为轴网添加尺寸标注外，还可以利用自动标注功能批量生成轴网的尺寸标注。具体方法如下：首先使用【墙】命令绘制任意一面穿过所有垂直或水平轴网的墙体。单击【注释】→【尺寸标注】→【对齐尺寸标注】命令，并在选项栏选【拾取：整个墙】，单击后面的【选项】，在【自动尺寸标注选项】对话框中勾选“相交轴网”，如图 13－26 所示。然后单击墙体即可为所有与该墙相交的轴网图元生成尺寸，再次单击空白位置确定尺寸线位置即可。

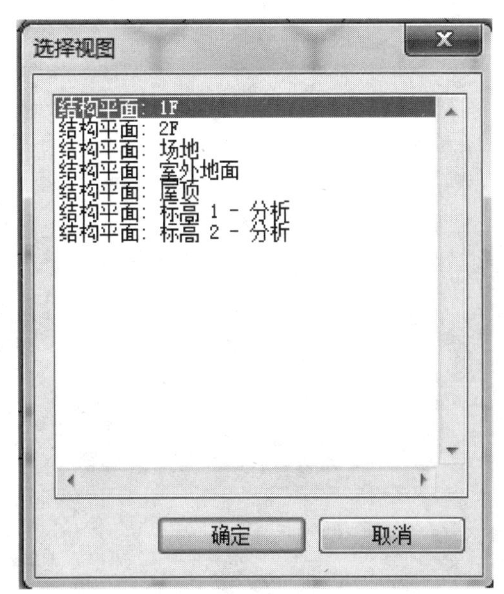

图 13－25　【选择视图】对话框

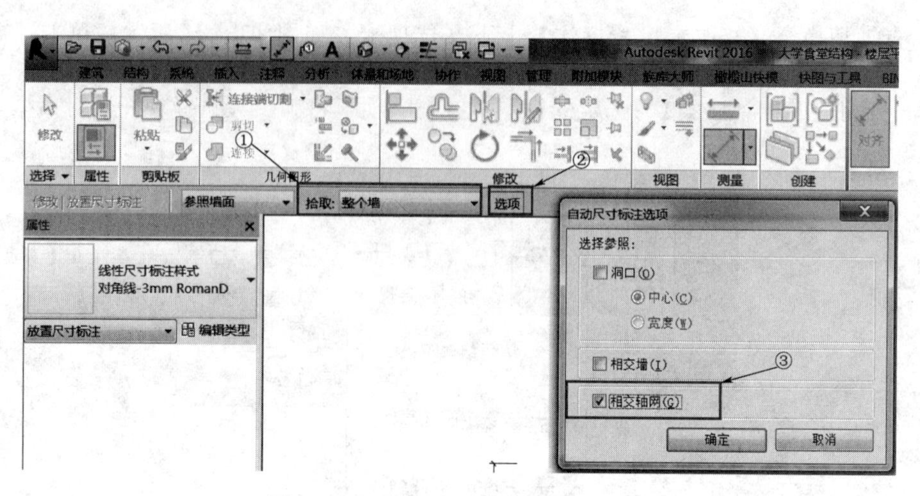

图 13 - 26　批量生成轴网的尺寸标注

实验十四

物业楼模型的绘制（一）

一、实验目的

1. 掌握基础、柱、梁、板、屋面、钢筋设置的内容和方法。

2. 掌握基础、柱、梁、板、屋面、钢筋、结构钢筋创建的命令和步骤。

3. 基于资源 13－2 中的“物业楼结构 .dwg”文件，利用 Revit 工具为“物业楼结构 .rvt”模型创建基础、柱、梁、板、屋面，及为混凝土结构放置钢筋。

4. 掌握钢筋视图显示的相关设置。

二、实验内容

1. 物业楼结构基础、柱、梁、板、屋面的绘制及钢筋布置。

2. 物业楼结构基础 J－1 的配筋、结构柱 KZ－1 的配筋、钢筋的视图显示。

三、实验步骤

（一）独立基础

打开前序实验创建的“. rvt”模型文件，在完成标高和轴网的创建之后，创建独立基础。单击【插入】→【导入】面板→【导入 CAD】按钮，打开【导入 CAD 格式】对话框，如图 14－1 所示。导入“基础平面布置图”至“1F”视图并对齐轴网。

资源 14
实验十四的
实验步骤

图 14－1 【导入 CAD 格式】对话框

1. 载入“独立基础-坡形截面”族。

在“1F”平面视图中，单击【插入】→【从库中载入】面板→【载入族】按钮，选择【结构】→【基础】→“独立基础-坡形截面”族，单击【打开】，如图 14-2 所示。

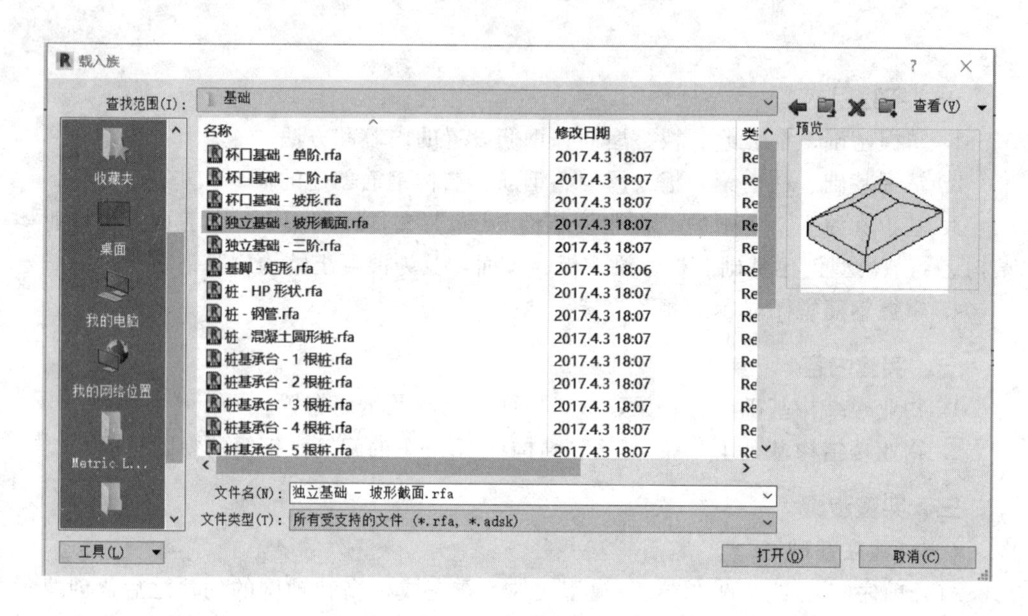

图 14-2　载入“独立基础-坡形截面”族

2. 在“1F”平面视图中，单击【结构】菜单→【基础】面板→【独立】按钮，在 1 轴和 D 轴的交点处单击，放置“独立基础”。（提醒：如弹出【不可见】对话框，可调整视图范围）

3. 双击该独立基础，进入【族编辑器】。

（1）选择【项目浏览器】→【楼层平面】→【参照标高】，单击【创建】菜单→【形状】面板→【拉伸】按钮，在【修改 | 创建拉伸】选项卡中，单击【绘制】面板→【矩形】按钮，偏移量设置为 100mm，沿基础底边绘制垫层，如图 14-3 所示。

（2）切换至前立面视图，编辑【属性】面板中的拉伸起点和拉伸终点为“−700.0”和“−800.0”，如图 14-4 所示。

（3）单击【模式】面板中的按钮，完成编辑模式，如图 14-5 所示。

（4）拖动垫层拉伸的上方【拉伸：造型操纵柄】至基础底面，当垫层顶面和基础底面重合时，松开鼠标按键，出现【创建或删除长度或对齐约束】按钮 创建或删除长度或对齐约束，单击“小锁头”，进行锁定，如图 14-6 所示。最后将“拉伸终点”调整为−750。

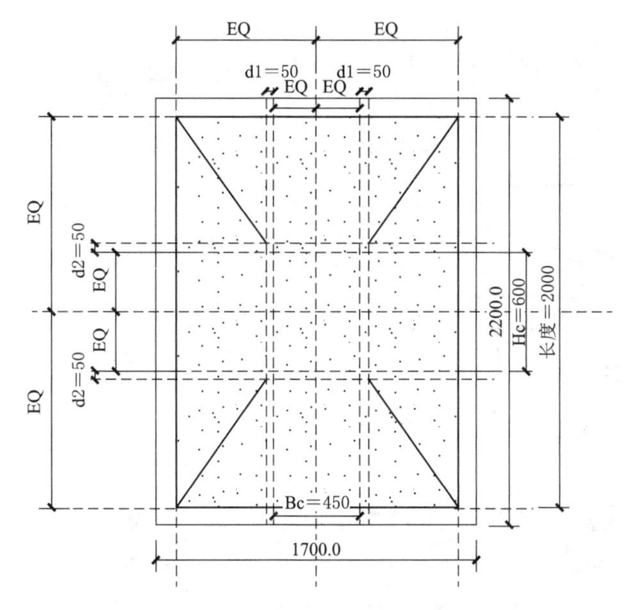

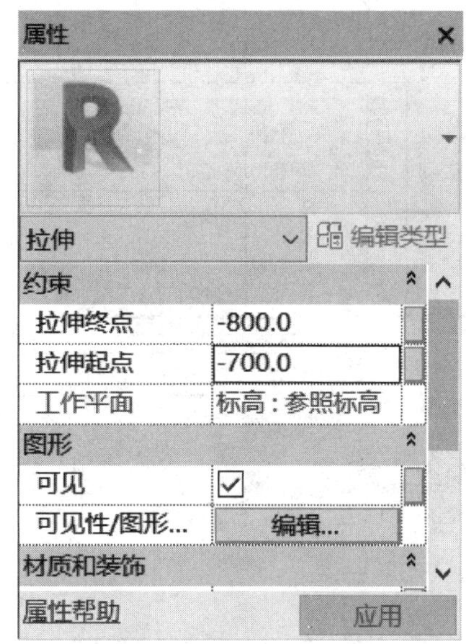

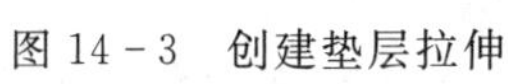
图 14-3　创建垫层拉伸

图 14-4　编辑拉伸起点和终点

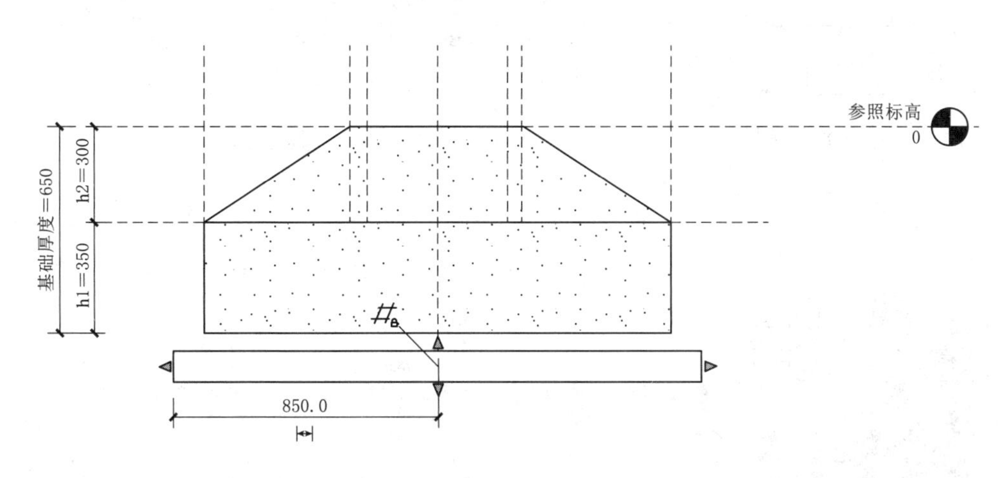

图 14-5　独立基础前立面（锁定前）

（5）单击【注释】菜单→【尺寸标注】面板→【对齐】按钮或者使用快捷方式“DI”，标注垫层的尺寸，如图 14-7 所示。选中该尺寸标注，单击【标签尺寸标注】面板→【创建参数】按钮，在打开的【参数数据】对话框中创建参数名称为“垫层厚度”，如图 14-8 所示。

（6）单击【文件】→【另存为】→【族】，命名为“独立基础-坡形截面（带垫层）”，单击【保存】，如图 14-9 所示。

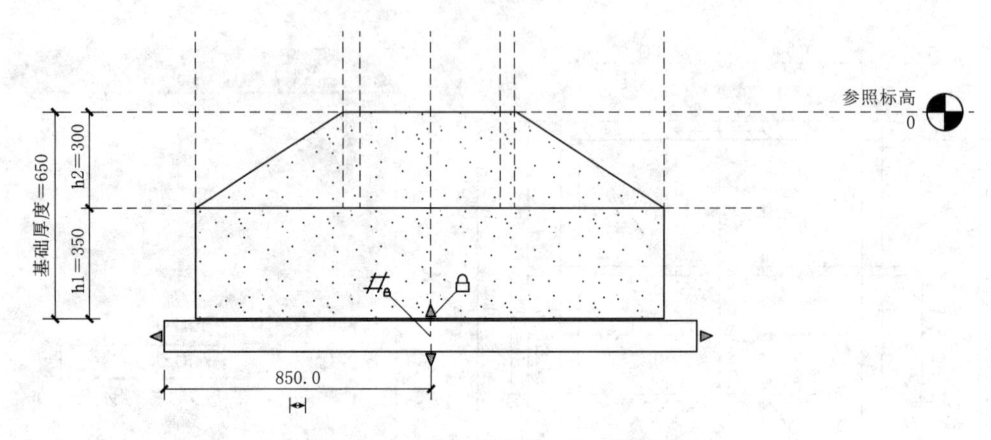

图 14－6　独立基础前立面（锁定后）

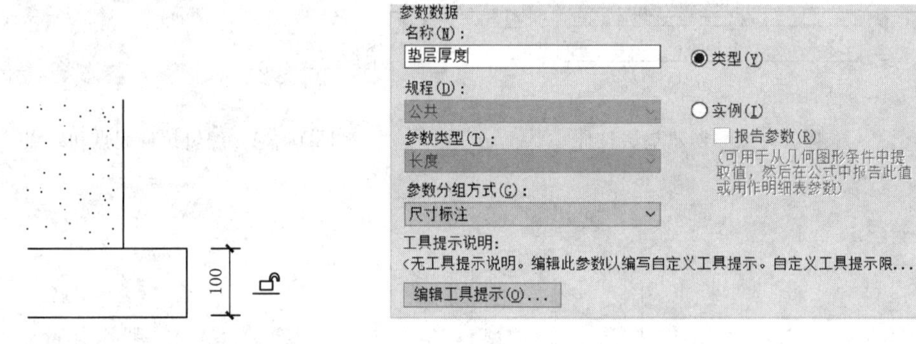

图 14－7　标注垫层尺寸　　　　　图 14－8　创建“垫层厚度”参数

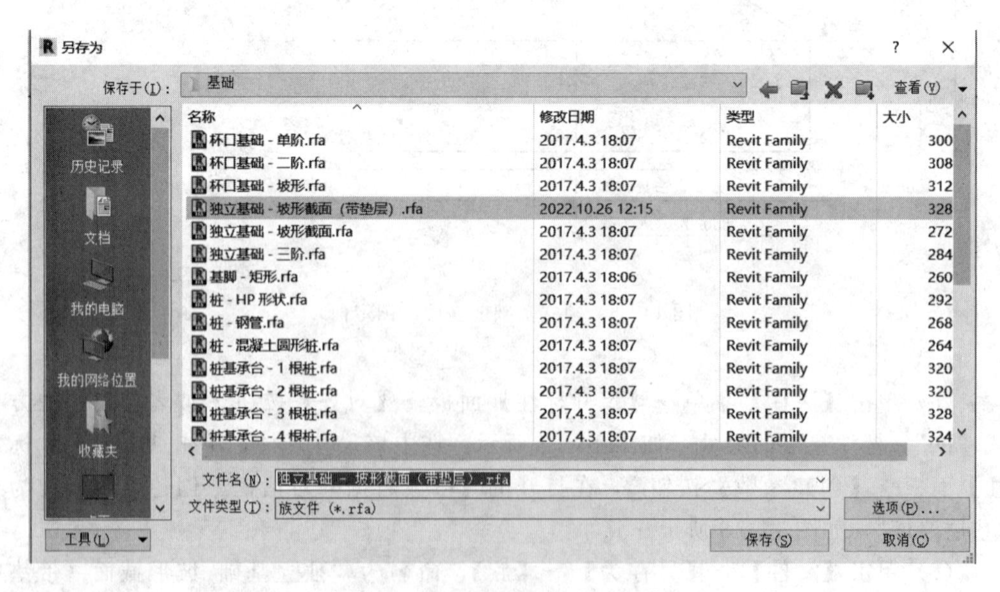

图 14－9　另存为“独立基础-坡形截面（带垫层）”族

（7）单击【载入到项目中】按钮，将新创建好的族载入到活动项目中。

4. 单击独立基础的【属性】面板→【编辑类型】，单击【复制】，重命名族类型为“J-1”，如图 14-10 所示。然后在打开的【类型属性】对话框中，参照基础大样图，修改各参数，如图 14-11 所示。

名称
名称(N)：J-1
确定　取消

图 14-10　重命名族类型为“J-1”

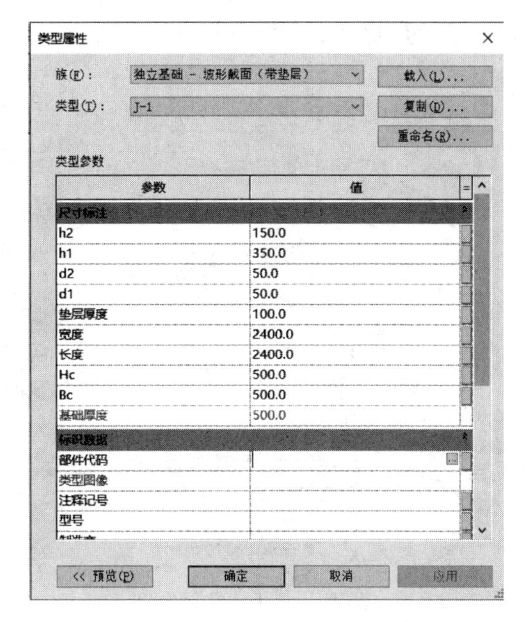

图 14-11　基础 J-1【类型属性】对话框

5. 按照相同的步骤，设置族类型“J-2”至“J-6”，注意每个族类型的参数不同，具体请参照基础大样图。

6. 由于基础放置的平面距离 1F 平面 2000mm 左右，可以适当调整 1F 的视图范围，如图 14-12 所示。

7. 放置独立基础“J-1”（重复步骤 2 的命令）。

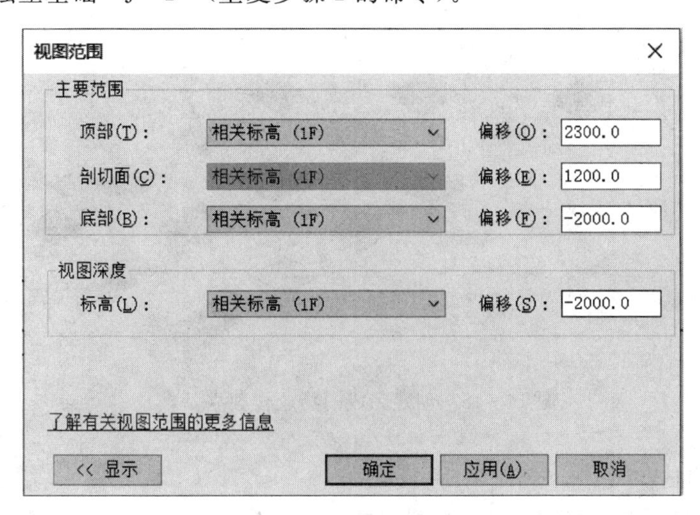

图 14-12　1F 视图范围

（1）根据基础大样图标注，J-1的顶标高距离“1F”为1800mm，设置【属性】面板→“约束”：“标高”为1F，“自标高的高度”为-1800.0。单击【应用】，如图14-13所示。

（2）设置【属性】面板→“结构材质”，单击⋯按钮，打开【材质浏览器-混凝土-基础】对话框，可自行设置外观颜色、填充图案等内容，如图14-14所示。

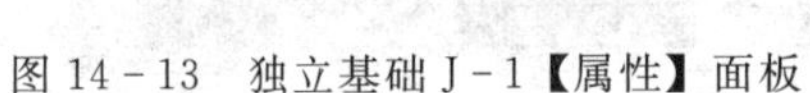
图14-13　独立基础J-1【属性】面板

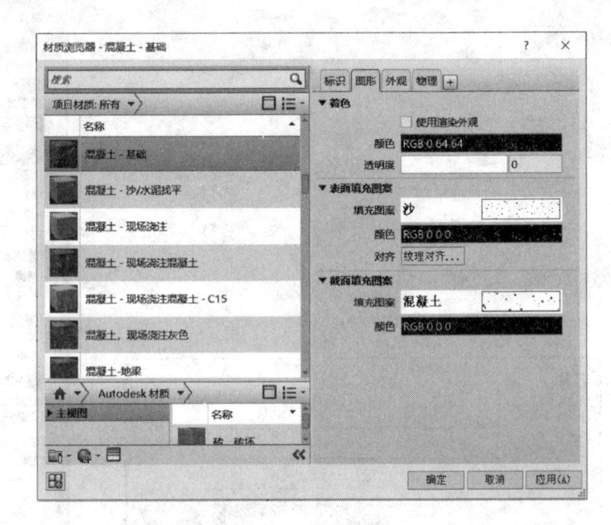

图14-14　【材质浏览器-混凝土-基础】对话框

（3）在A轴和7轴交点处单击，放置独立基础“J-1”。

8. 按照相同的步骤，根据“基础平面布置图”，分别放置“J-2”至“J-6”。如图14-15所示。

图14-15　创建完成的物业楼独立基础

（二）结构柱

1. 打开前序实验创建的“.rvt”模型文件，在完成独立基础的创建之后，创建结构柱。单击【插入】→【导入】面板→【导入 CAD】按钮，打开【导入 CAD 格式】对话框，如图 14-16 所示。导入“柱平面布置图”至“1F”视图并对齐轴网。

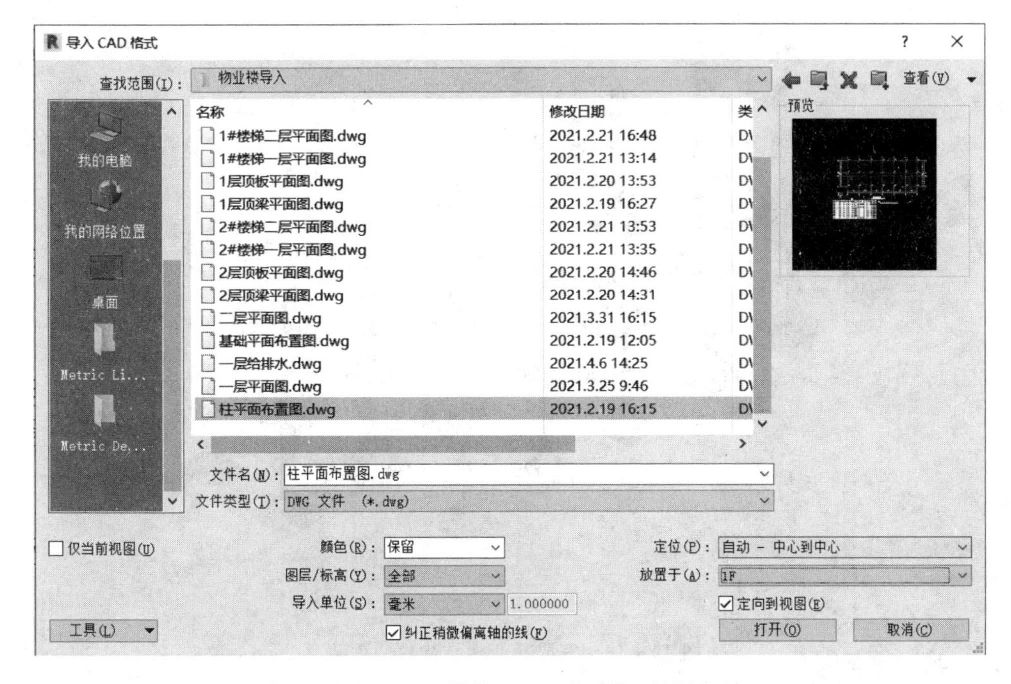

图 14-16　【导入 CAD 格式】对话框

2. 在“1F”平面视图中，单击【结构】菜单→【结构】面板→【柱】按钮，单击【属性】面板中的【编辑类型】，单击【复制】，重命名为“KZ-1”，“尺寸标注”为“b=500.0”，“h=500”，单击【确定】，如图 14-17 所示。

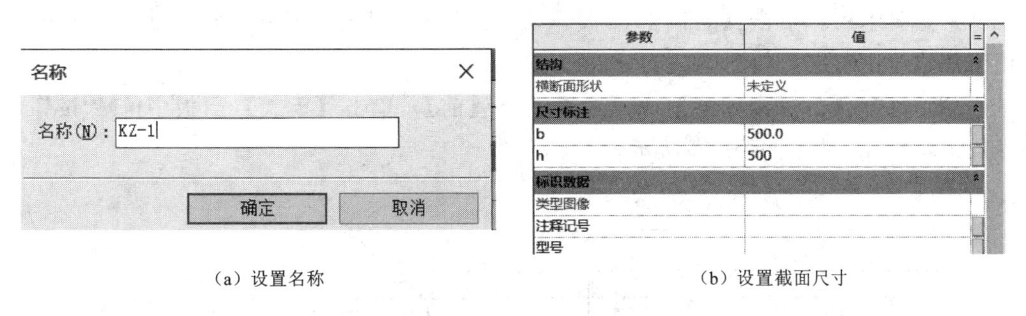

（a）设置名称　　（b）设置截面尺寸

图 14-17　“KZ-1”柱的类型属性设置

3. 按照同样的方法，参考柱表设置“KZ-2”至“KZ-5”族类型名称及截面尺寸。

4. 在【类型选择器】中选中“KZ-1”，在选项栏中设置“深度”“未连接”，值为 1900，在 1 轴和 D 轴相交处单击，放置 KZ-1；在选项栏中设置“高度”“2F”，在 1 轴和 D 轴相交处单击，放置 KZ-1；在“2F”平面视图中，在选项栏中设置“高度”“屋顶”，在 1 轴和 D 轴相交处单击，放置 KZ-1。

5. 按照同样的方法，参考柱表放置“KZ－2”至“KZ－5”（提醒：KZ－3 和 KZ－4 为偏心柱，放置时请注意偏移）。完成结构柱创建，如图 14－18 所示。

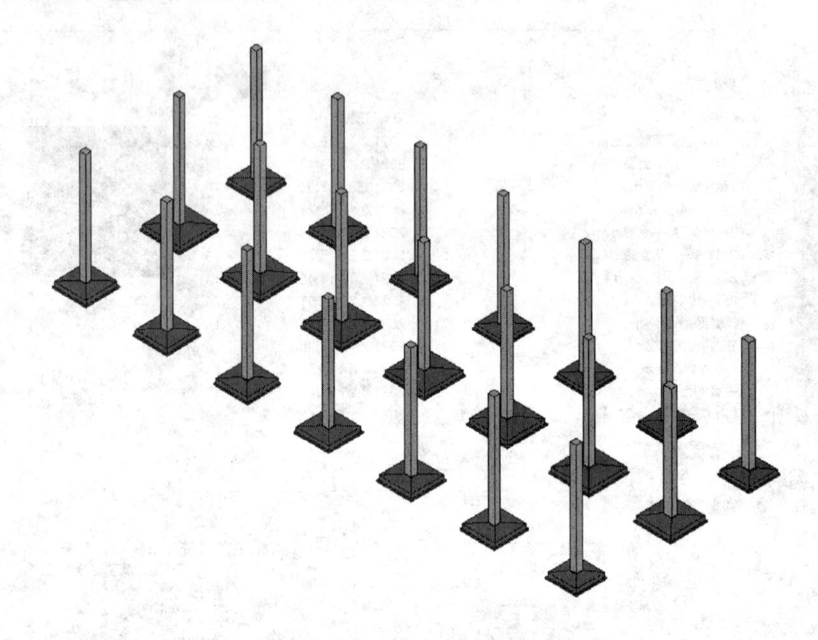

图 14－18　完成物业楼结构柱的创建

（三）结构梁

1. 基础梁族 DLL2 的创建。

（1）单击【文件】菜单→【打开】→【族】，选择【项目浏览器】→【楼层平面】→【参照标高】，单击【创建】菜单→【形状】面板→【拉伸】按钮，在【修改｜创建拉伸】选项卡中，单击【绘制】面板→【矩形】按钮，偏移量设置为“100.0”，沿梁底边绘制垫层，如图 14－19 所示。

（2）选择【项目浏览器】→【立面】→【前】，单击【模式】面板中的按钮，完成编辑模式，如图 14－20 所示。

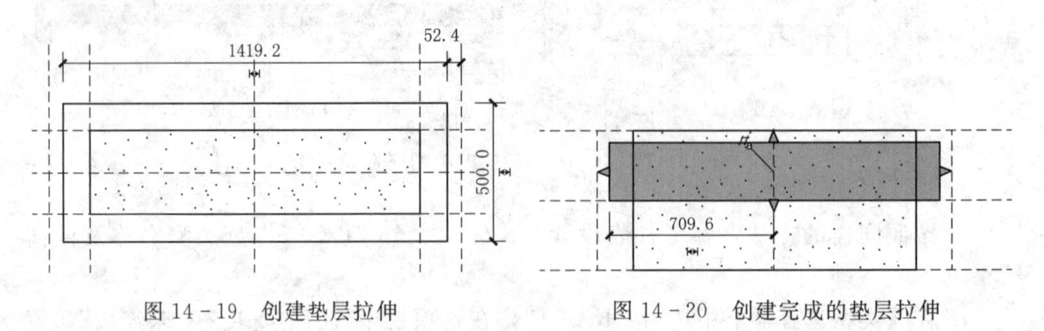

图 14－19　创建垫层拉伸　　图 14－20　创建完成的垫层拉伸

（3）单击【创建】菜单→【基准】面板→【参照平面】按钮或者使用快捷键【RP】，距梁底面 100mm 处创建参照平面。单击【修改】→【测量】→【对齐尺寸标

注】按钮，标注梁底面与新建参照平面的距离，并锁定，如图 14－21 所示。

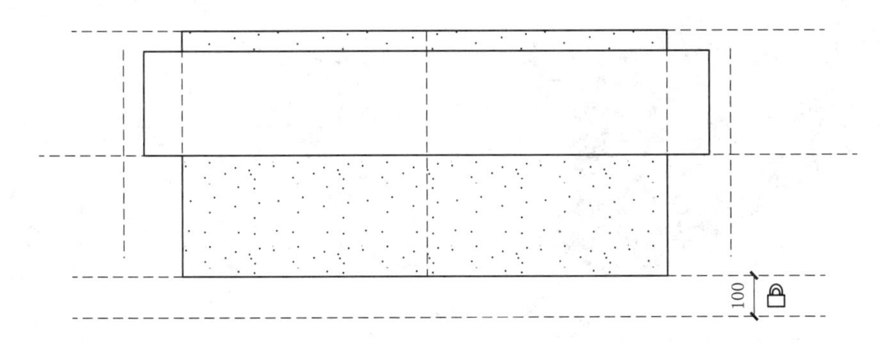

图 14－21　锁定垫层参照平面

（4）拖动垫层拉伸的上方【拉伸：造型操纵柄】至梁底面，当垫层顶面和基础底面重合时，松开鼠标按键，出现【创建或删除长度或对齐约束】按钮，单击“小锁头”，进行锁定；拖动垫层拉伸的下方【拉伸：造型操纵柄】至梁底面下方 100mm 的参照平面，当垫层底面和参照平面重合时，松开鼠标按键，出现【创建或删除长度或对齐约束】按钮，单击“小锁头”，进行锁定，如图 14－22 所示。

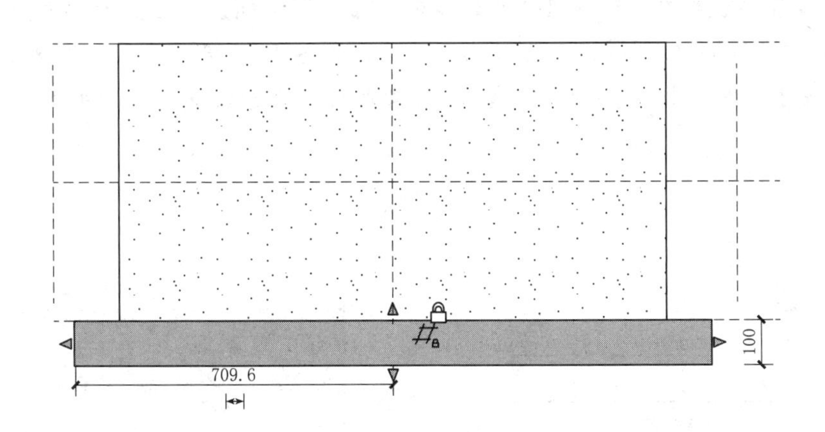

图 14－22　锁定基础梁垫层

（5）将修改好的族另存为“混凝土－基础梁（DLL2）.rfa”，并载入到“物业楼”项目中，如图 14－23 所示。

2. 基础梁族 DLL1、3 的创建。

（1）单击【文件】菜单→【打开】→【族】→“混凝土－矩形梁.rfa”，选择【项目浏览器】→【楼层平面】→【参照标高】，【创建】菜单→【基准】面板→【参照平面】按钮或者使用快捷键【RP】，在距梁侧面 150mm 处创建参照平面，并进行标注锁定，如图 14－24 所示。

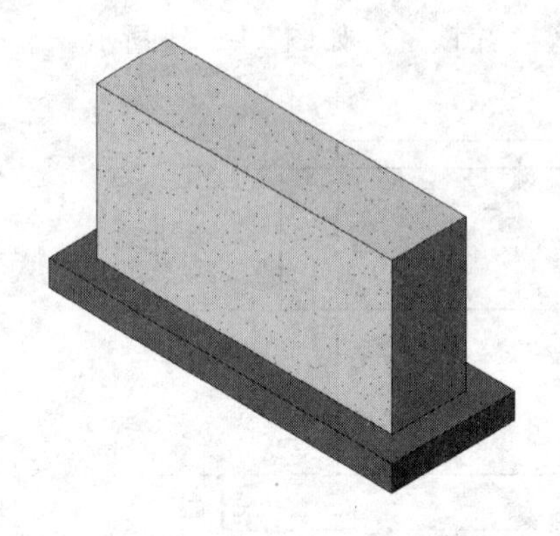

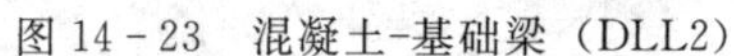
图 14－23　混凝土-基础梁（DLL2）

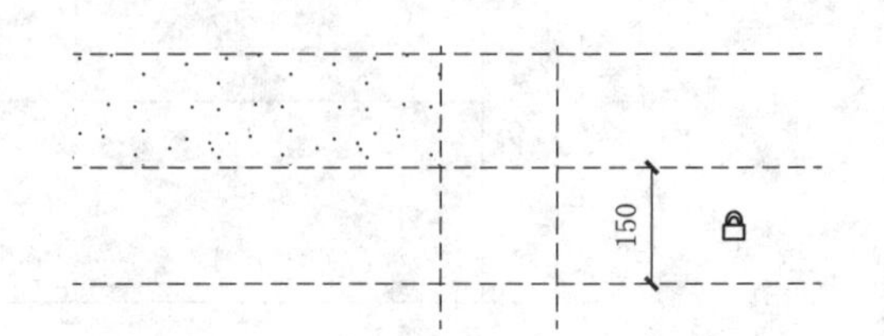

图 14－24　锁定参照平面图

（2）单击【创建】菜单→【形状】面板→【拉伸】按钮，在【修改｜创建拉伸】选项卡中，单击【绘制】面板→【矩形】按钮，在梁两侧绘制素混凝土，并锁定在四个平面上，如图 14－25 所示。

（3）选择【项目浏览器】→【立面】→【前】，单击【模式】面板中的按钮，完成编辑模式，如图 14－25 所示。

（4）单击【创建】菜单→【基准】面板→【参照平面】按钮或者使用快捷键【RP】，在距梁底面高 200mm 处创建参照平面，如图 14－26 所示。单击【修改】→【测量】→【对齐尺寸标注】按钮，标注梁底面与新建参照平面的距离，并锁定，如图 14－27 所示。

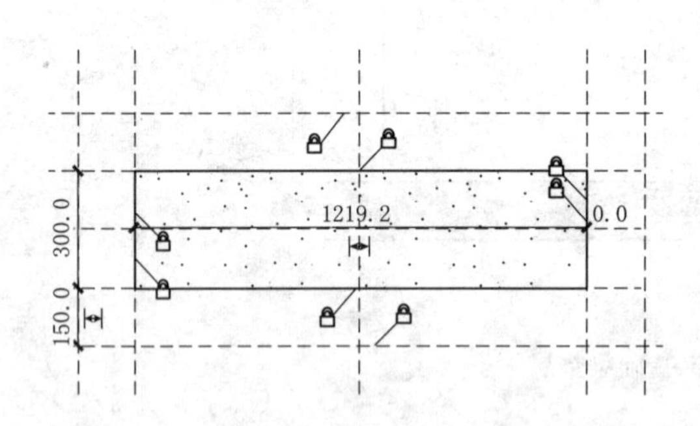

图 14－25　锁定素混凝土拉伸平面

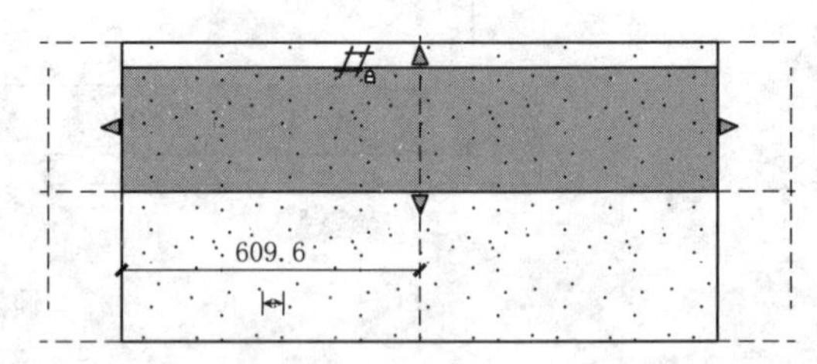

图 14－26　创建完成的素混凝土

（5）拖动素混凝土拉伸的下方【拉伸：造型操纵柄】至梁底面，当素混凝土底面和基础底面重合时，松开鼠标按键，出现【创建或删除长度或对齐约束】按钮，单击“小锁头”，进行锁定；拖动垫层拉伸的上方【拉伸：造型操纵柄】至梁底面上方 200mm 的参照平面，当素混凝土顶面和参照平面重合时，松开鼠标按键，出现【创建或删除长度或对齐约束】按钮，单击“小锁头”，进行锁定，如图 14－28 所示。

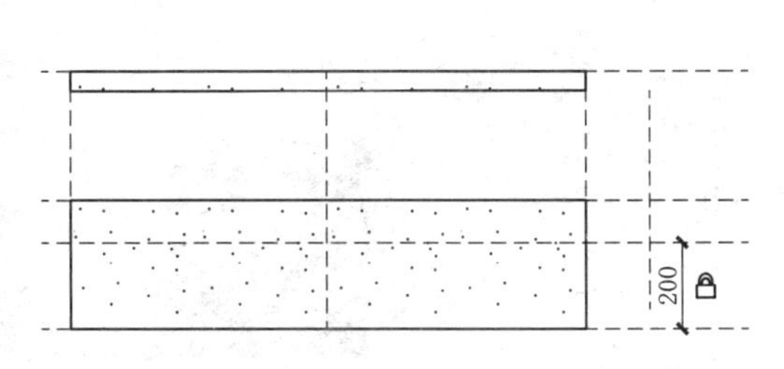

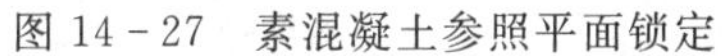

图 14-27　素混凝土参照平面锁定

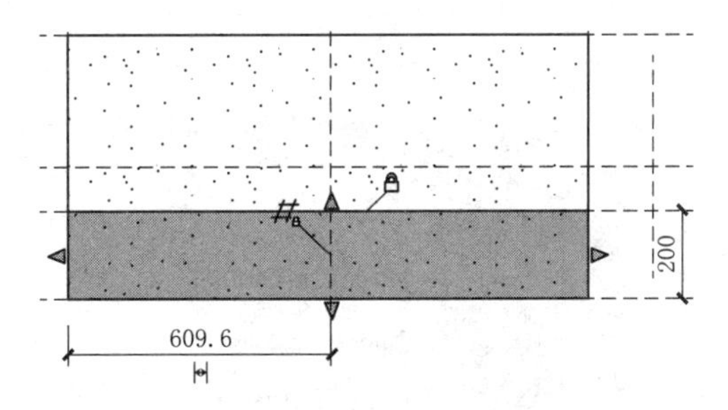

图 14-28　锁定素混凝土

（6）按照创建“混凝土-基础梁（DLL2）.rfa”垫层的方法创建垫层，注意垫层锁定在距梁底 100mm 的参照平面上，如图 14-29 所示。

（7）将修改好的族另存为“混凝土-基础梁（DLL1、3）.rfa”，并载入到“物业楼”项目中，如图 14-30 所示。

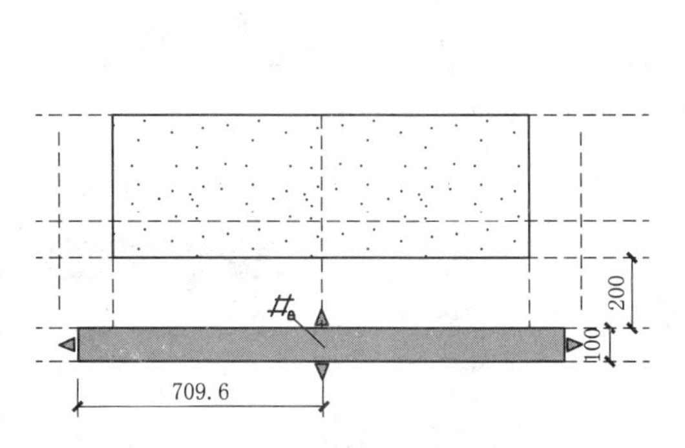

图 14-29　锁定基础梁垫层图

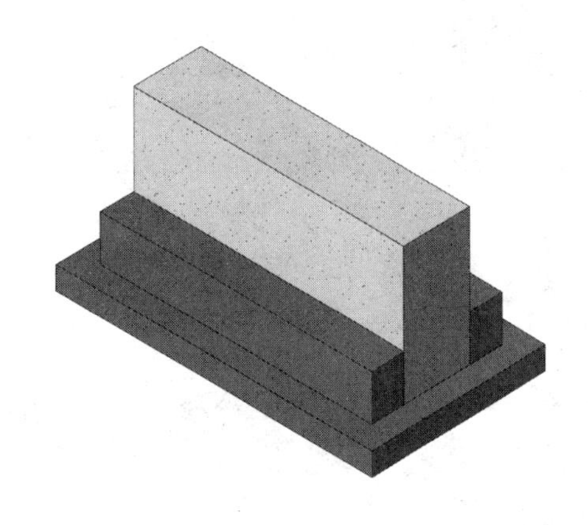

图 14-30　混凝土-基础梁（DLL1、3）

3. 绘制结构梁。

（1）打开前序实验创建的“.rvt”模型文件，在完成结构柱的创建之后，创建结构梁。单击【插入】→【导入】面板→【导入 CAD】按钮，打开【导入 CAD 格式】对话框，如图 14-31 所示。导入“基础平面布置图”至“1F”视图并对齐轴网。

（2）在“1F”平面视图中，单击【结构】菜单→【结构】面板→【梁】按钮，单击【属性】面板中的【编辑类型】（提醒：若没有载入“混凝土-基础梁”，在打开的【类型属性】对话框中单击【载入】，选择“混凝土-基础梁”进行载入）。单击【复制】，重命名为“DLL1”，“尺寸标注”设置为“b=370.0”，“h=600.0”，单击【确定】，如图 14-32 所示。

（3）在【属性】面板中，“参照标高”为“室外地坪”，修改“Z 轴偏移值”为“-200”，单击【应用】，如图 14-33 所示。

（4）沿 A 轴从 1 轴绘制至 7 轴、沿 D 轴从 1 轴绘制至 7 轴，绘制完成后，与 CAD 底图中的“DLL1”对齐，如图 14-34 所示。

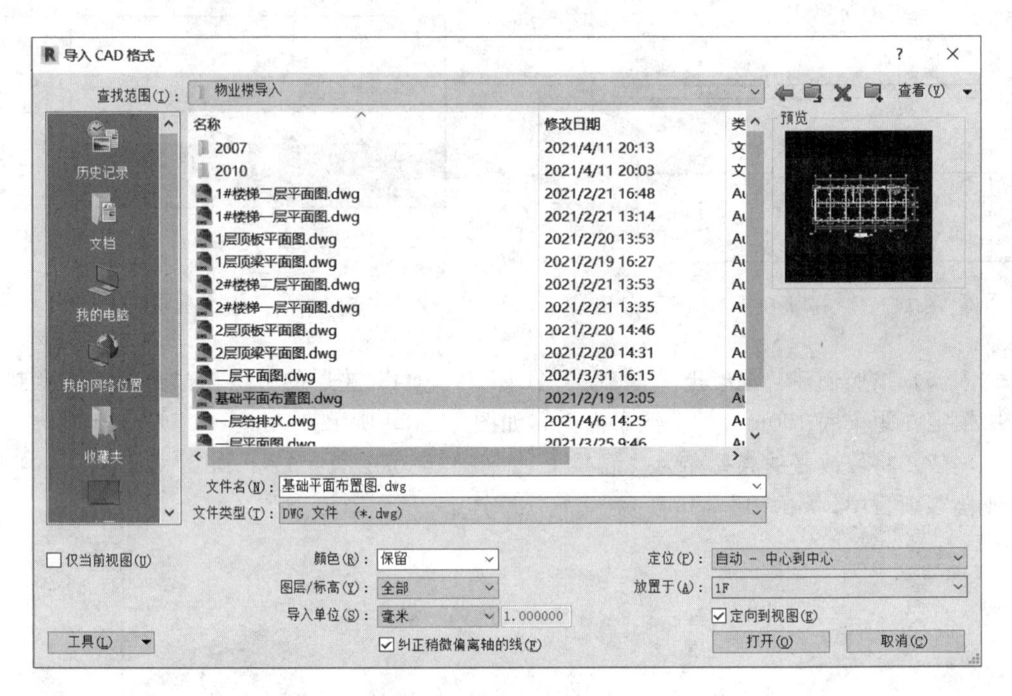

图 14-31 导入“基础平面布置图”

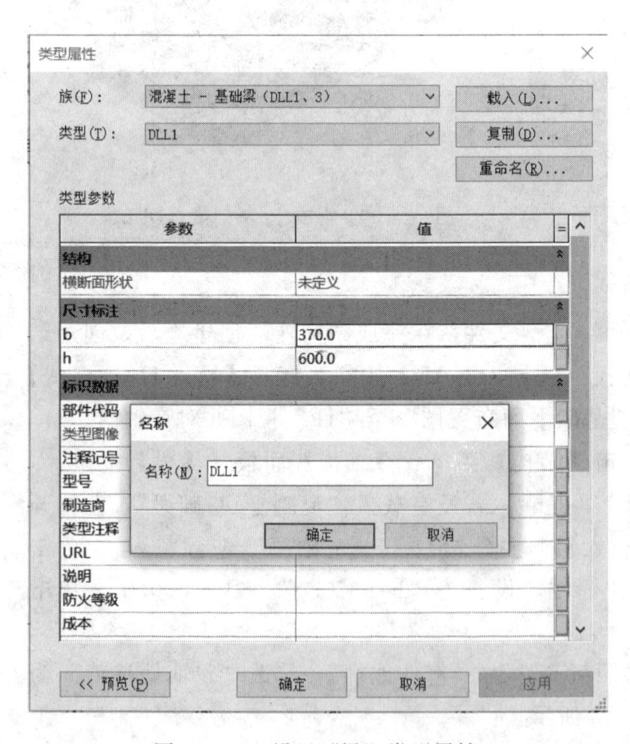

图 14-32 设置“梁”类型属性

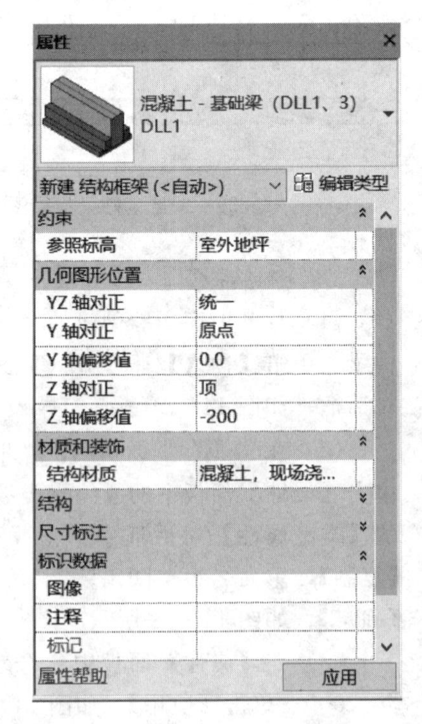

图 14-33 设置梁的位置属性

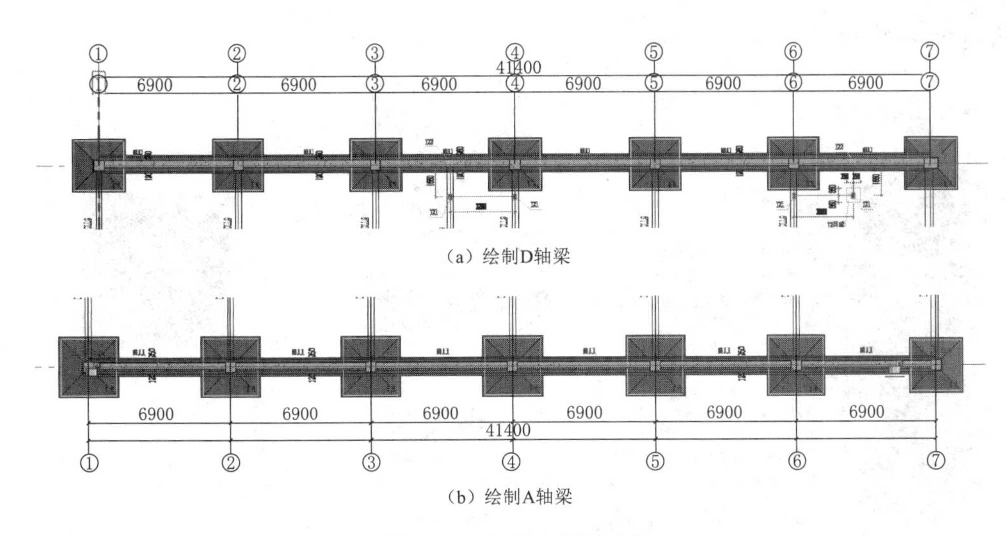

（a）绘制D轴梁

（b）绘制A轴梁

图 14－34　创建梁 DLL1

（5）按照相同步骤创建 DLL2 和 DLL3，按照相同步骤创建 1F 顶梁和 2F 顶梁。绘制过程中注意族类型的选择和设置，绘制结构梁时要求梁与图纸对齐。结构梁绘制完成后如图 14－35 所示。

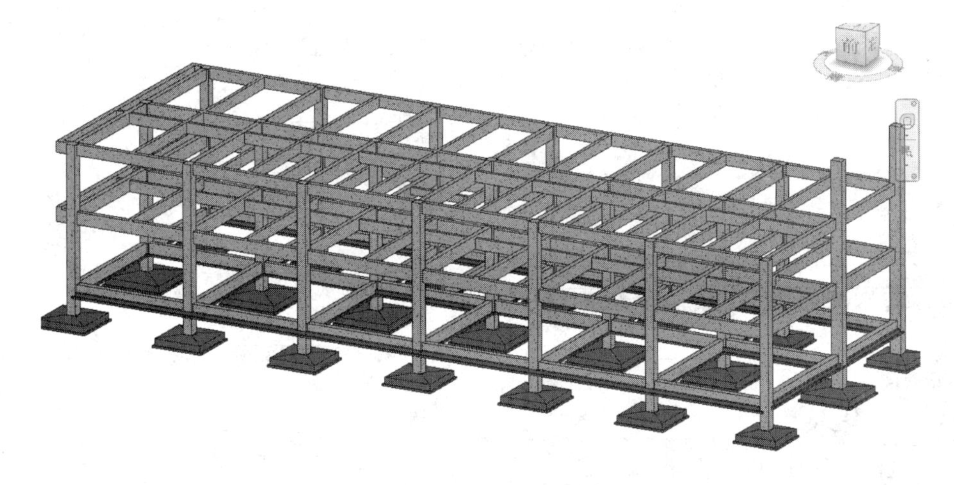

图 14－35　完成绘制的结构梁

（四）楼板及屋面板

1. 打开前序实验创建的“.rvt”模型文件，在完成结构梁的创建之后，创建楼板。单击【插入】→【导入】面板→【导入 CAD】按钮，打开【导入 CAD 格式】对话框，如图 14－36 所示。导入“1 层顶板平面图”至“2F”视图并对齐轴网。

2. 在“2F”平面视图中，单击【结构】菜单→【结构】面板→【楼板】按钮，选择“常规－150mm”楼板类型，单击【属性】面板中的【编辑类型】，单击【复制】，重命名为“LB1”，如图 14－37 所示。单击【编辑】，在打开的【编辑部件】对话框中，材质修改为“混凝土-现场”，厚度修改为“100.0”，如图 14－38 所示，单击两次【确定】。

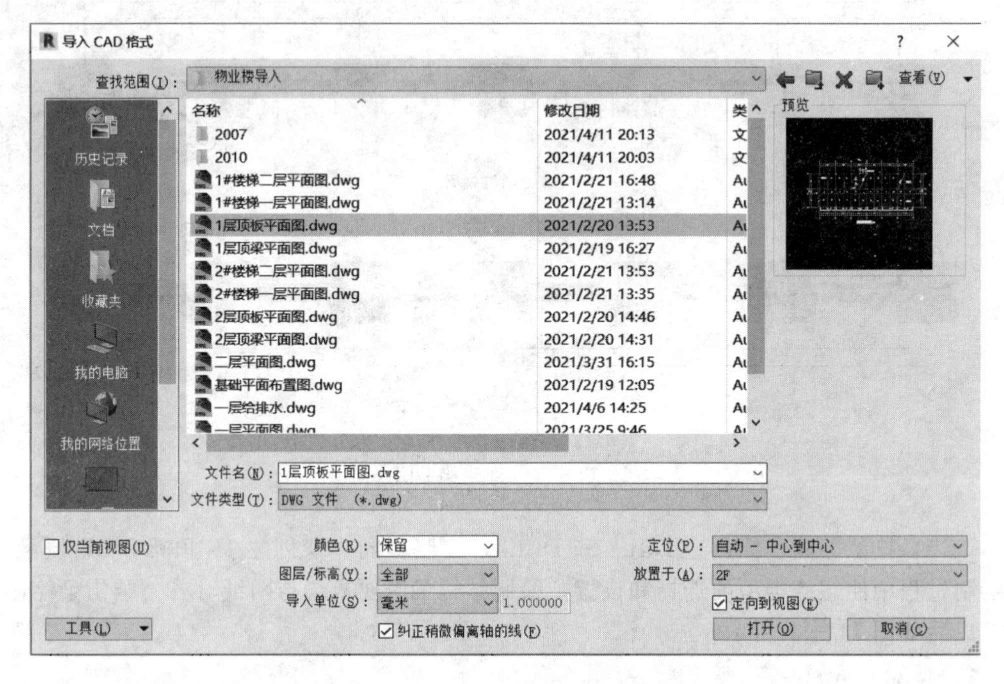

图 14-36　导入“1 层顶板平面图”

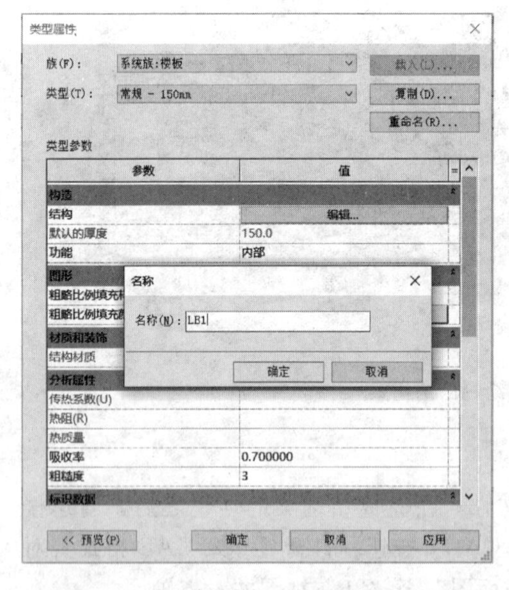

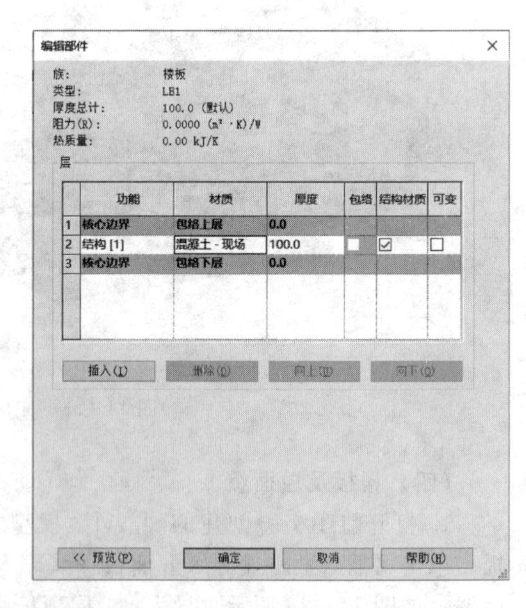

图 14-37　“结构板”【类型属性】对话框　　　图 14-38　“结构板”【编辑部件】对话框

3. 单击【修改 | 创建楼层边界】→【绘制】面板→【直线】，沿梁和柱的边界绘制 LB1，如图 14-39 所示。绘制完成后，单击，完成编辑模式。

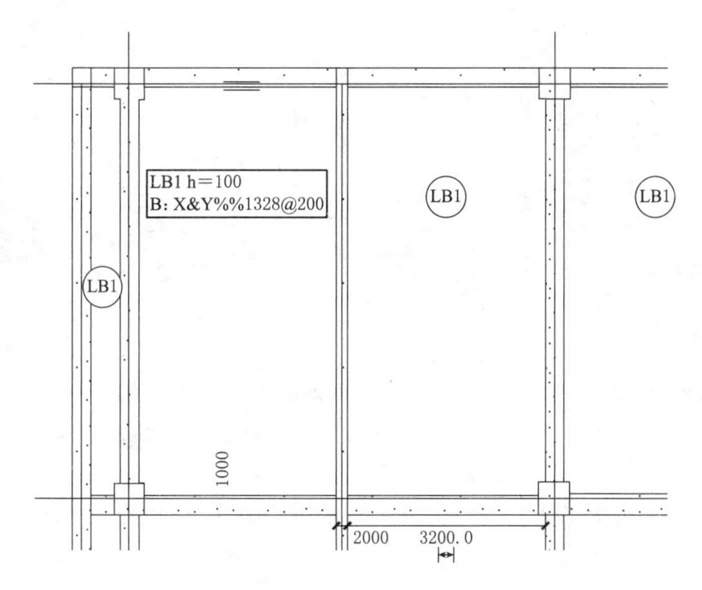

图 14－39　绘制楼板“LB1”边界

4. 按照相同步骤创建其余楼板 LB 和屋面板 WB。绘制过程中注意族类型选择和设置，卫生间处楼板有降板，楼梯间处有洞口。楼板及屋面板绘制完成后如图 14－40 所示。

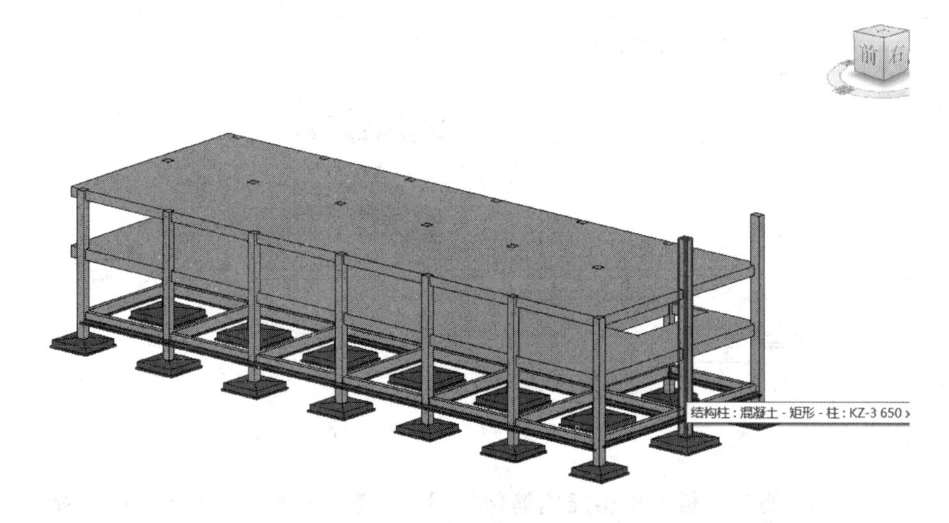

图 14－40　完成绘制的楼板和屋面板

（五）钢筋

基于资源 13－2 中的“物业楼结构 . dwg”文件，利用 Revit 钢筋工具为“物业楼结构 . rvt”模型的基础底板和结构柱放置钢筋。

1. 基础底板配筋。

基础 J－1 底板的结构配筋及三维视图如图 14－41 所示。

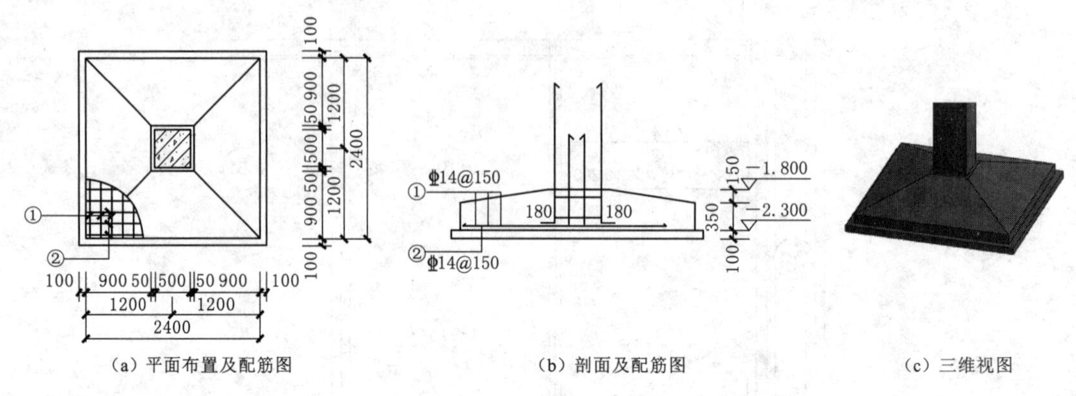

（a）平面布置及配筋图　（b）剖面及配筋图　（c）三维视图

图 14-41　基础 J-1 底板的结构配筋及三维视图

（1）打开“物业楼结构 .rvt”文件，切换视图到东立面视图，如图 14-42 所示。

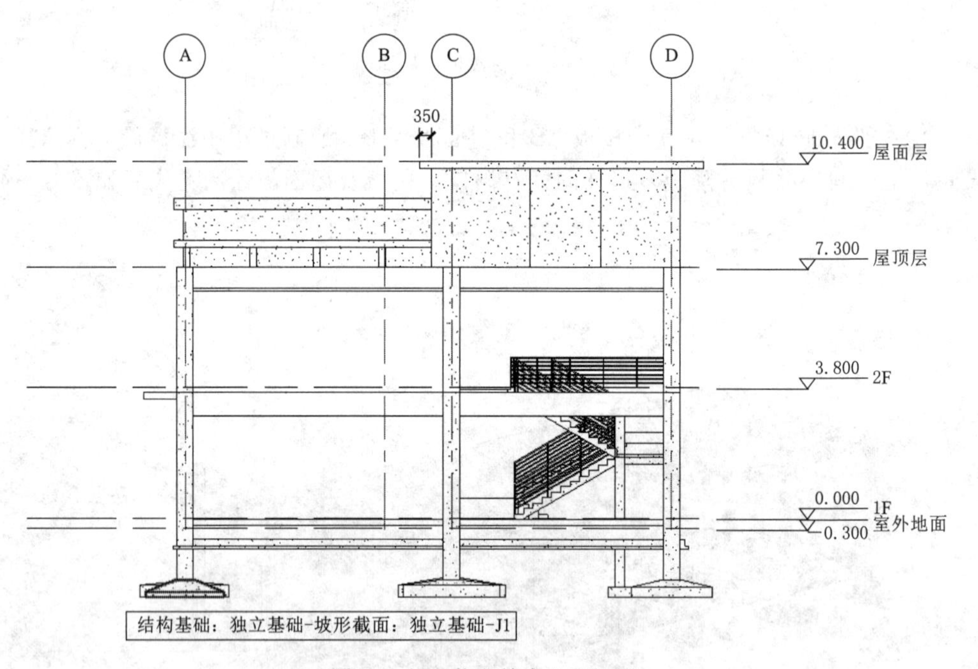

图 14-42　物业楼东立面视图

（2）在【钢筋】面板中单击【钢筋保护层设置】，在弹出的对话框中设置钢筋保护层厚度，如图 14-43 所示。

（3）在【视图】选项卡选择【剖面】按钮，在 7 轴和 A 轴相交处的独立基础 J-1 上创建如图 14-44 所示剖面 1—1。选择剖面符号，单击鼠标右键，选择【转到视图（G）】后放大 J-1 的剖面，如图 14-45 所示。

（4）选择【结构】→【钢筋】选项板→保护层，在【编辑钢筋保护层】选项板中单击【拾取图元】按钮并选择基础 J－1 进行保护层设置，选择“基础有垫层<40mm>”。

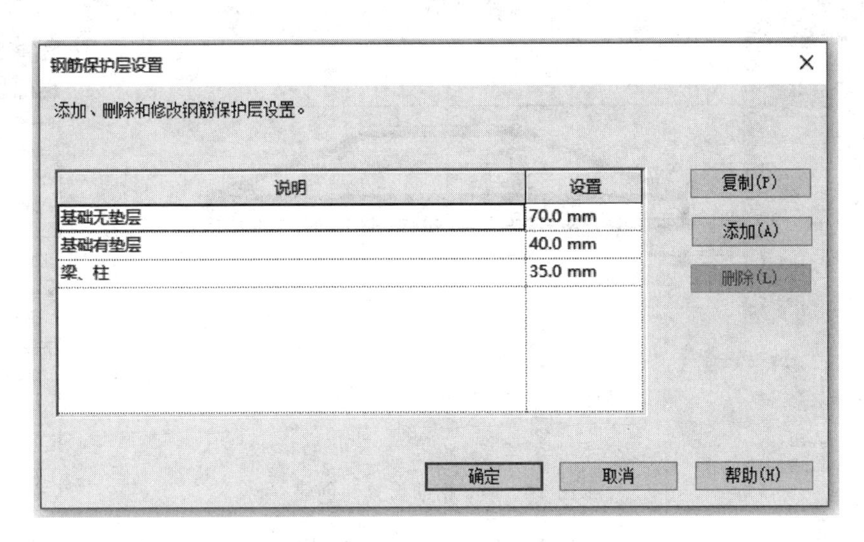

图 14－43　钢筋保护层设置

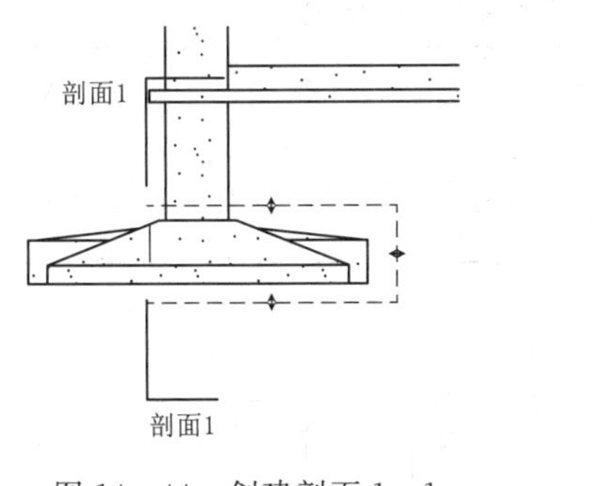

图 14－44　创建剖面 1—1

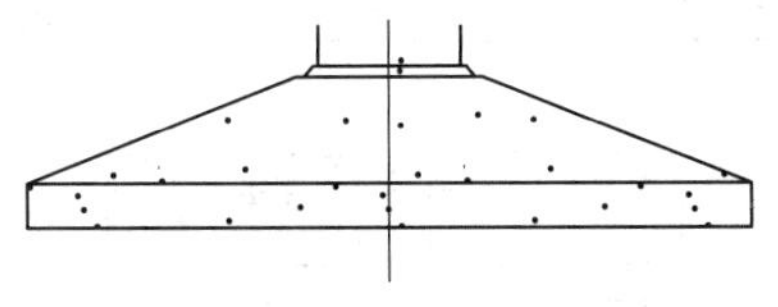

图 14－45　J－1 的剖面

（5）选择【钢筋】按钮并进行相应设置后放置基础底板分布钢筋①，如图 14－46 所示，在钢筋属性窗口编辑“视图可见性状态”。

（6）视图切换到北立面，按照以上步骤创建基础 J－1 底板分布钢筋②。基础底板分布钢筋完成。

（7）观察钢筋的创建效果，可以在绘图窗口底部选择【视图样式】按钮后在【图形显示选项】中设置图形显示的透明度，或者用【过滤器】功能选择钢筋后单击绘图窗口底部的【临时隐藏/隔离】按钮将钢筋隔离后观察，如图 14－47 所示。

2. 结构柱 KZ－1 的配筋。

结构柱 KZ－1 的尺寸及配筋见表 14－1 和图 14－48。

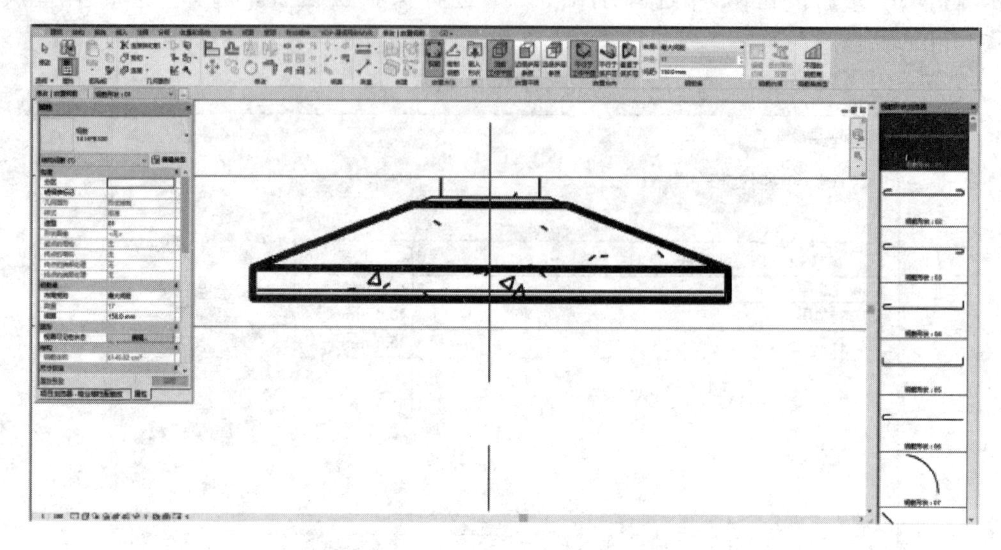

图 14－46　钢筋设置和创建

表 14－1　　结构柱 KZ－1 的尺寸及配筋

柱号	标高	b×h(bi×hi) /(mm×mm)	b1 /mm	b2 /mm	h1 /mm	h2 /mm	全部纵筋	角筋	b 边一侧中部筋	h 边一侧中部筋	箍筋类型号	箍筋
KZ－1	基础底板～3.670m	500×500	250	250	250	250		4Φ22	2Φ18	2Φ18	1.(4×4)	Φ8@100
	3.670～7.300m	500×500	250	250	250	250	12Φ16				1.(4×4)	Φ8@100

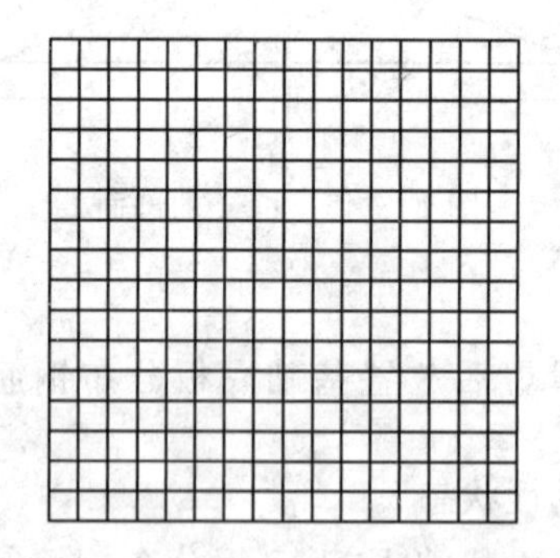

图 14－47　基础底板分布钢筋

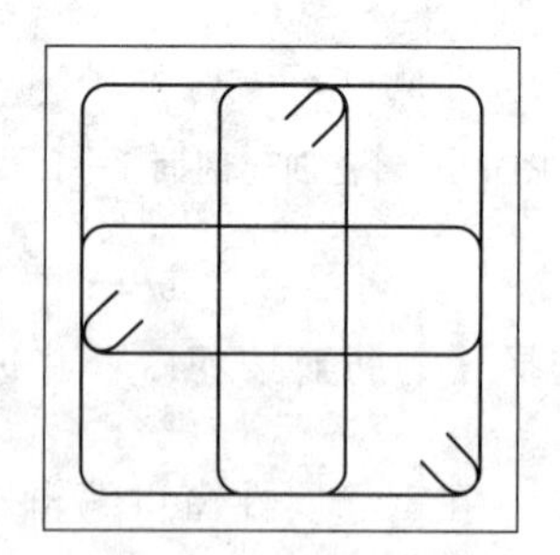

图 14－48　结构柱 KZ－1 的箍筋类型

本实验以结构柱 KZ－1 在标高基础底板至 3.670m 范围内的配筋为例。

(1) 箍筋的配置。

1) 打开“物业楼结构.rvt”文件，切换到“1F”结构平面，放大显示 7 轴和 A 轴相交处的 KZ－1。

2) 选择【结构】→【钢筋】选项板→保护层，在【编辑钢筋保护层】选项板中单击【拾取图元】按钮并选择 KZ－1 进行保护层设置，选择“梁、柱＜35mm＞”选项。

3）选择【钢筋】按钮，设置“钢筋形状：33”，钢筋直径和类型为“8　HPB300”，【钢筋集】“布局”选择“最小净间距”为 100.0mm。放置 KZ－1 的最外侧箍筋，如图 14－49 所示，在钢筋属性窗口编辑“视图可见性状态”。

4）同步骤 3），设置箍筋后在【属性】窗口修改其“尺寸标注”的“B”为 140mm，生成水平内侧箍筋，利用【修改】→【移动】命令移动箍筋到柱子平面的中间位置，如图 14－50 所示。

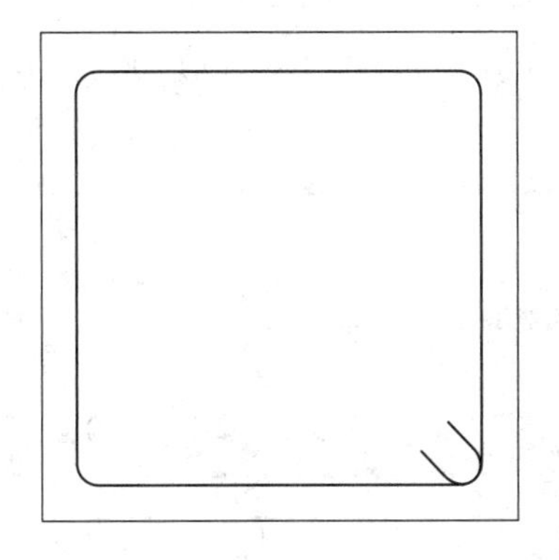

图 14－49　结构柱 KZ－1 的最外侧箍筋配置

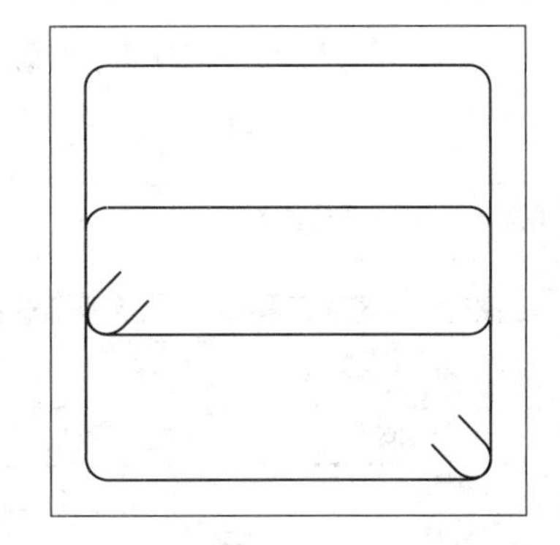

图 14－50　结构柱 KZ－1 的内侧水平箍筋

5）同步骤 4），放置 KZ－1 内侧的垂直向箍筋。全部箍筋放置结果如图 14－51 所示。

（2）竖向钢筋的设置。

1）切换到“1F”结构平面，放大显示 7 轴和 A 轴相交处的 KZ－1。

2）选择【钢筋】按钮，设置“钢筋形状：01”，钢筋直径和类型为“22　HRB400”，【放置方向】选择“垂直于保护层”，放置 4 根角筋。

3）选择【钢筋】按钮，设置“钢筋形状：01”，钢筋直径和类型为“18　HRB400”，【放置方向】选择“垂直于保护层”，放置 2 根 b 边一侧中部筋和 2 根 h 边一侧中部筋。

KZ－1 柱内的竖向钢筋放置结果如图 14－52 所示。

（3）修改 KZ－1 内竖向钢筋。KZ－1 内竖向钢筋均需延长至基础内，4 个角筋需设置弯钩。

1）分别选中 4 个角筋，选择造型操作柄使其伸长至基础内，并在对应的【属性】窗口修改其“起点的弯钩”为“钢筋弯钩 90”，并通过空格键调整弯钩的方向。

2）选中 b 边和 h 边的钢筋使其伸长至基础内。

3）选中所有已配置的钢筋并在【属性】窗口选择“视图可见性状态”，在弹出的如图 14－53 所示的【钢筋图元视图可见性状态】窗口中勾选“三维视图”的“清晰的视图”和“作为实体查看”，如图14-54所示。

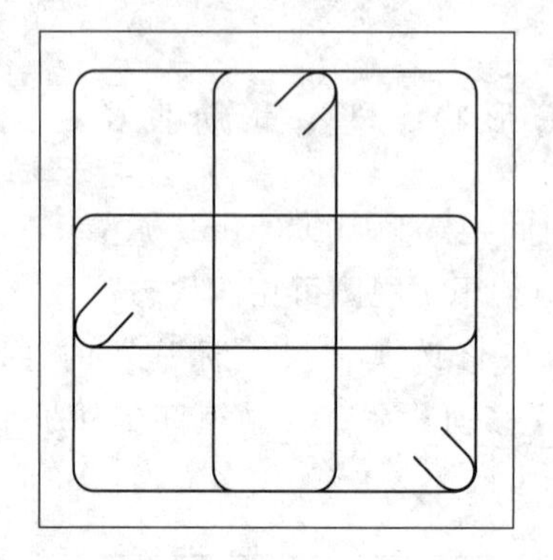

图14-51 结构柱KZ-1的箍筋设置

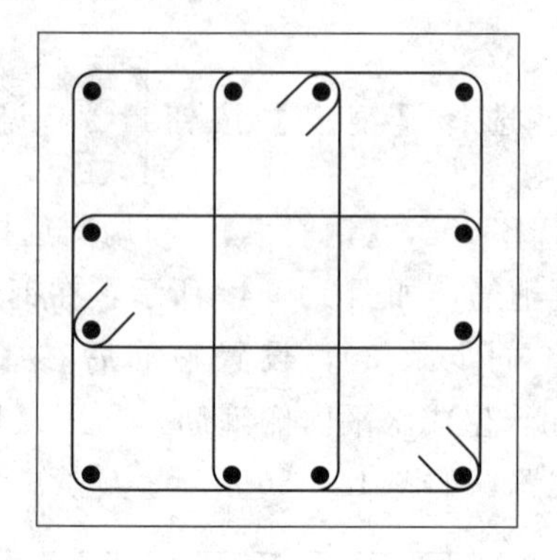

图14-52 结构柱KZ-1的竖向钢筋设置

钢筋图元视图可见性状态

在三维视图(详细程度为精细)中显示清晰钢筋图元和/或显示为实心。

单击列页眉以修改排序顺序。

视图类型	视图名称	清晰的视图	作为实体查看
三维视图	{三维}	☑	☑
三维视图	{三维}1	☐	☐
剖面	楼梯一	☑	☐
剖面	楼梯二	☑	☐
剖面	剖面1	☑	☐
剖面	剖面2	☑	☐
天花板平面	1F	☐	☐
天花板平面	2F	☐	☐
天花板平面	室外地面	☐	☐
楼层平面	1F	☐	☐
楼层平面	场地	☐	☐
楼层平面	2F	☐	☐

确定　取消

图14-53 钢筋图元视图可见性状态设置

(4) 放置基础内箍筋。

1) 切换到东立面视图，在J-1处原有剖面1—1基础上创建如图14-55所示剖面2—2。水平剖面2—2无法直接创建，可以先设置竖向剖面后选择【修改】→【旋转】命令生成。

2) 鼠标右键单击剖面2—2后选择【转到视图(G)】，放大剖面中J-1部分。

3) 在基础内放置箍筋后调整箍筋尺寸“A”=430mm，“B”=430mm，并移动箍筋至基础水平面的中心位置。在【属性】窗口设置箍筋的布局规则：数量2；间距100。

4）修改箍筋的“视图可见性状态”属性，观察基础内箍筋的配置效果，如图14-56所示。

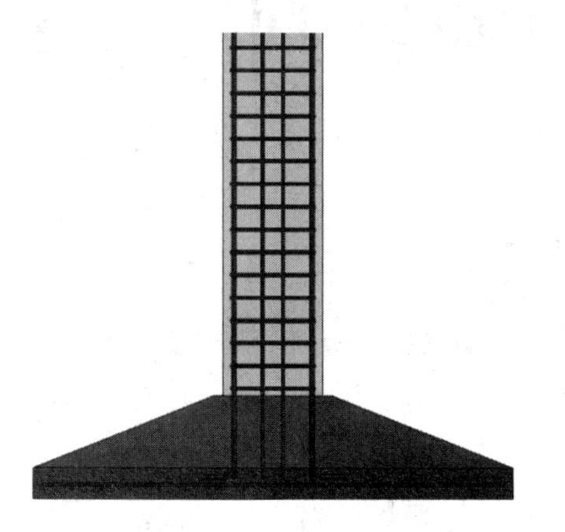

图14-54　基础J-1和结构柱KZ-1的钢筋设置

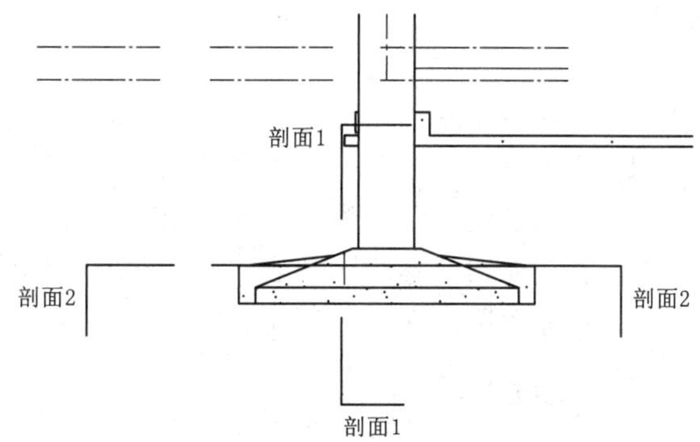

图14-55　基础J-1的剖面2—2

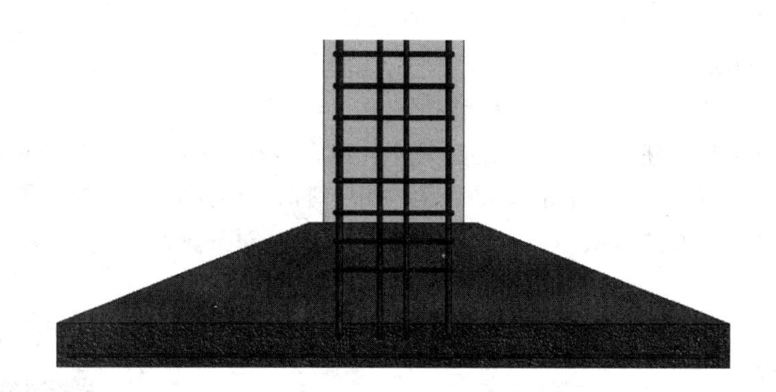

图14-56　基础J-1的配筋

实验十五

物业楼模型的绘制（二）

一、实验目的

1. 熟练运用“墙”命令创建和设置建筑物的墙体。
2. 熟练运用“门、窗”命令创建、设置建筑物的门和窗。
3. 熟练运用“幕墙”创建和设置建筑物幕墙、幕墙网格、竖梃等构件。
4. 熟练运用“楼梯”创建建筑物的楼梯。

二、实验内容

1. 根据工程图纸创建建筑物外墙和内墙。
2. 根据工程图纸创建建筑物幕墙。
3. 根据工程图纸创建建筑物门和窗。
4. 根据工程图纸创建建筑物楼梯。

三、实验步骤

(一) 墙

资源 15
实验十五的
实验步骤

打开前序实验创建的“.rvt”模型文件，在完成楼板的创建之后，创建墙。单击【插入】→【导入】面板→【导入 CAD】按钮，打开【导入 CAD 格式】对话框，如图 15-1 所示。导入“一层平面图”至“1F”视图并对齐轴网。

图 15-1 【导入 CAD 格式】对话框

1. 外墙。

（1）在“1F”平面视图中，单击【建筑】菜单→【构建】面板→【墙】按钮或者使用快捷键【WA】，单击【属性】面板中的【编辑类型】，打开【类型属性】对话框，单击【复制】，命名为“外墙－300mm”，如图 15－2 所示。

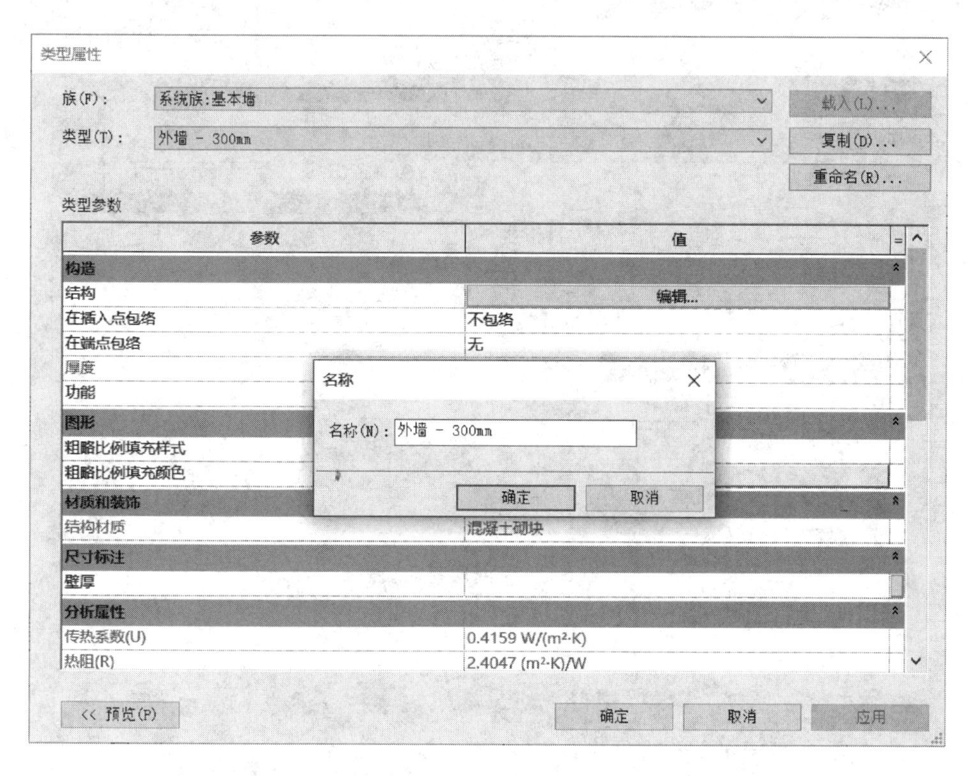

图 15－2　【类型属性】对话框

（2）单击【类型属性】对话框中的【编辑】按钮，打开【编辑部件】对话框，使用【插入】命令，在“结构［1］”外边增加“保温层/空气层［3］”，并分别设置功能层的材质和厚度。

（3）单击【材质】栏中的...按钮，打开【材质浏览器】对话框，设置保温层的材质为“EIFS，外部隔热层”，截面填充图案设置为“交叉线 3mm”；结构层的材质为“混凝土砌块”，表面填充图案为“砌体-砌块”，如图 15－3、图 15－4 所示。

（4）在厚度栏中设置“结构［1］”厚度为 300.0mm，“保温层/空气层［3］”厚度为 50.0mm，如图 15－5 所示。

（5）设置【修改｜放置 墙】状态栏，“高度：二层”，“定位线：核心面：内部”，如图 15－6 所示；【属性】面板中偏移量设为“－200.0”，如图 15－7 所示。

（6）单击【修改｜放置 墙】→【绘制】面板→【线】命令，沿 D 轴绘制外墙，顺时针绘制墙，墙外部边朝外。若绘制时内外边相反，可以按空格键翻转内外边，绘制完成后如图 15－8 所示。

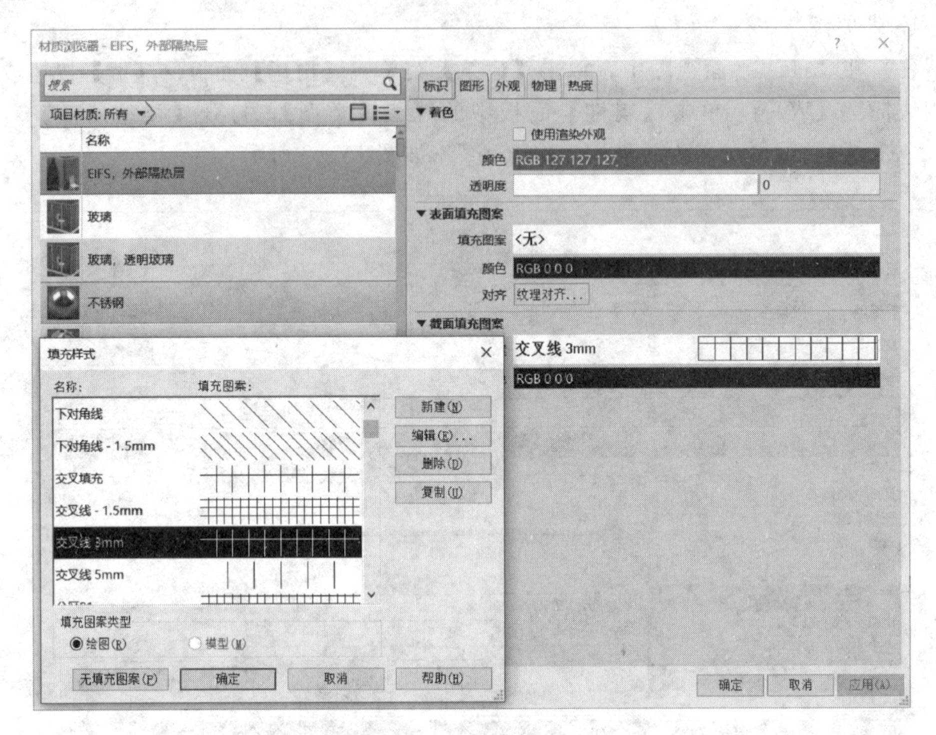

图 15-3 保温层材质设置

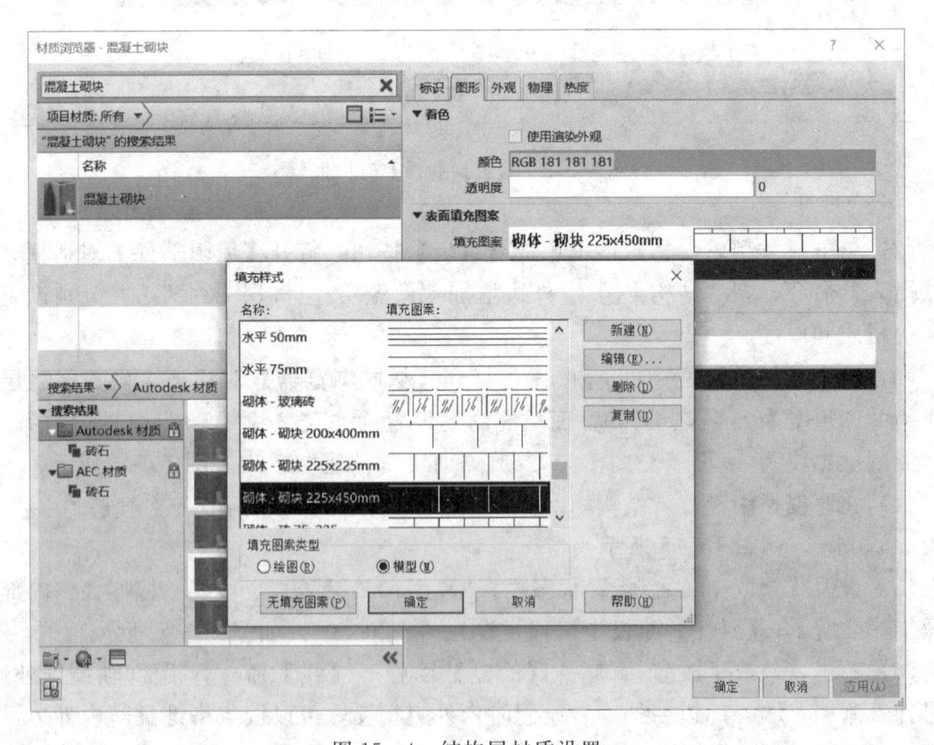

图 15-4 结构层材质设置

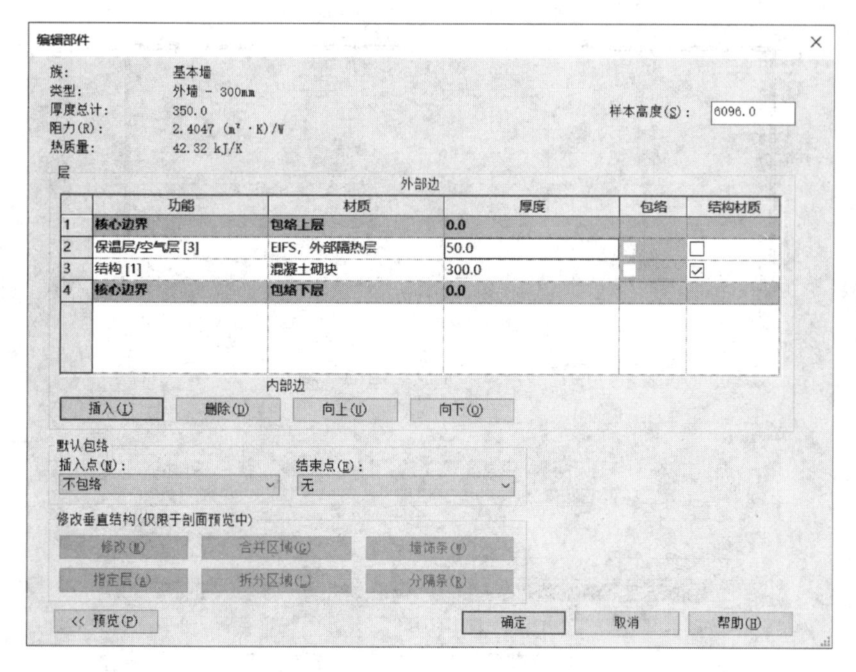

图 15－5　【编辑部件】对话框

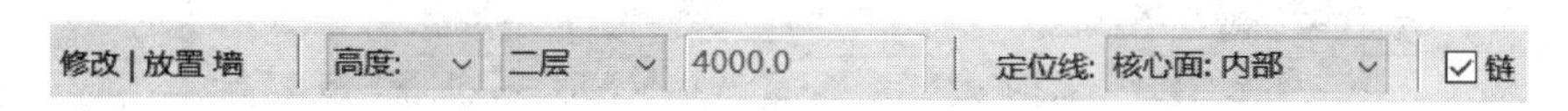

图 15－6　外墙绘制时的【修改｜放置 墙】状态栏

2. 内墙。

（1）在“1F”平面视图中，单击【建筑】菜单→【构建】面板→【墙】按钮或者使用快捷键【WA】，单击【属性】面板中的【编辑类型】，打开【类型属性】对话框，单击【复制】，命名为“内墙－200mm”，如图 15－9 所示。

（2）单击【类型属性】对话框中的【编辑】按钮，打开【编辑部件】对话框，在“厚度”栏中设置“结构［1］”厚度为 200.0mm，材质设置为“混凝土砌块”，如图15－10 所示。

（3）设置【修改｜放置 墙】状态栏，“高度：2F”，“定位线：核心层中心线”，如图 15－11 所示。【属性】面板中偏移量设为“－200.0”。

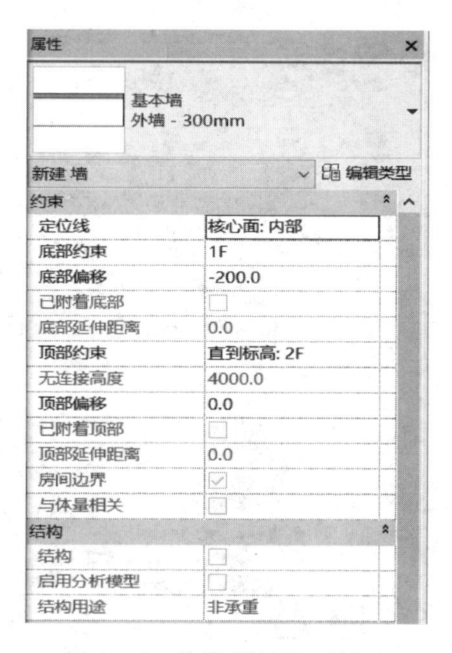

图 15－7　外墙【属性】面板

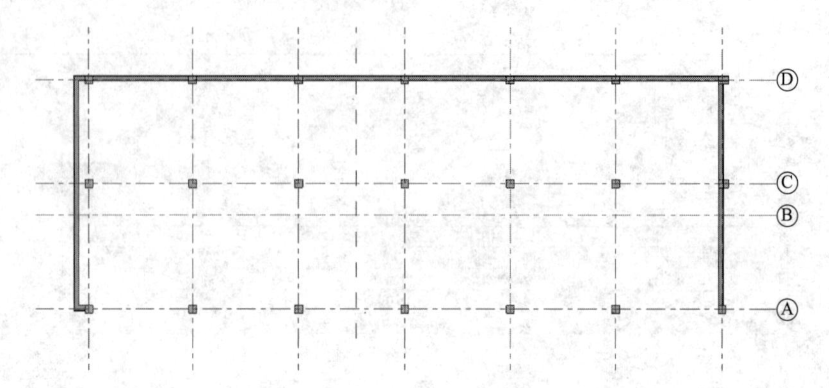

图 15-8　完成绘制的外墙

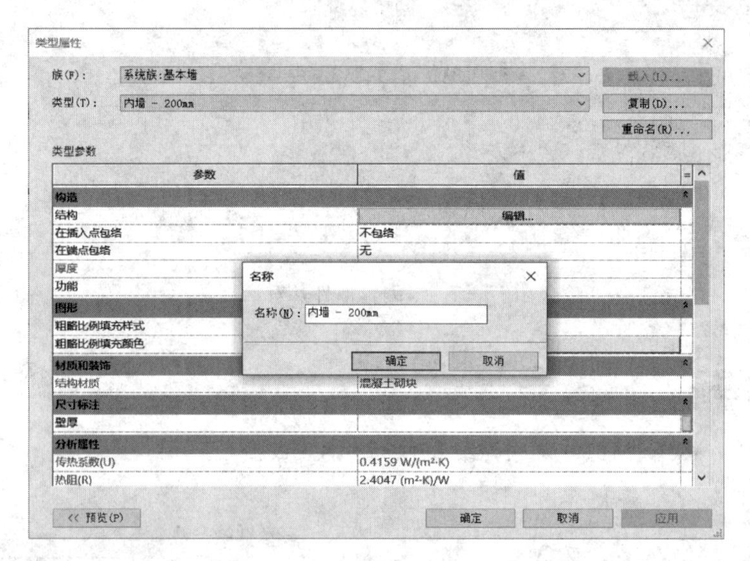

图 15-9　内墙【类型属性】对话框

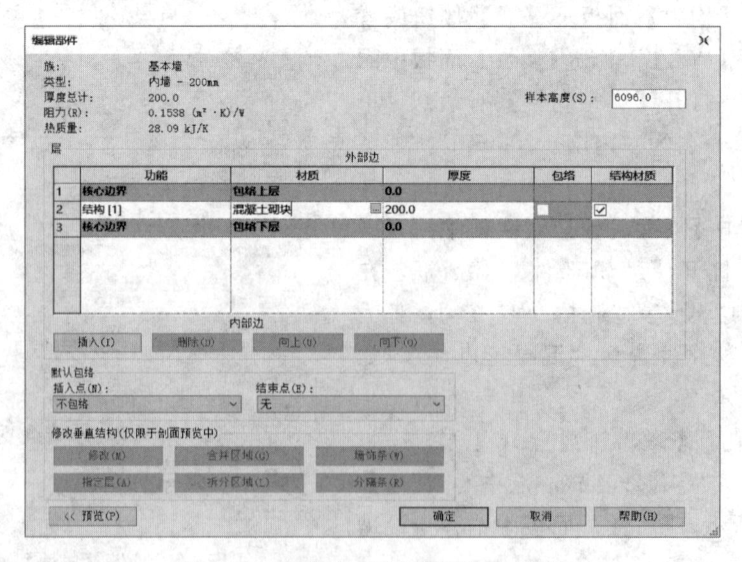

图 15-10　内墙【编辑部件】对话框

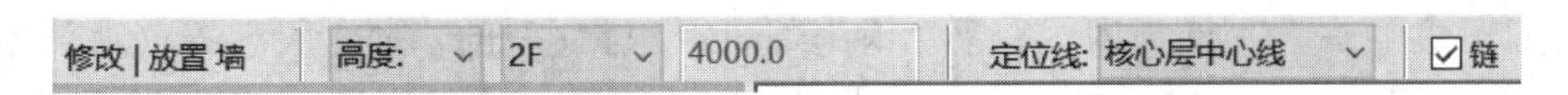

图 15-11　内墙绘制时的【修改 | 放置 墙】状态栏

（4）单击【修改 | 放置 墙】→【绘制】面板→【线】命令，分别沿 2～6 轴绘制内墙；也可以沿 2 轴绘制一段内墙，再用复制命令或快捷键【CO】复制另外几段内墙，绘制完成后如图 15-12 所示。

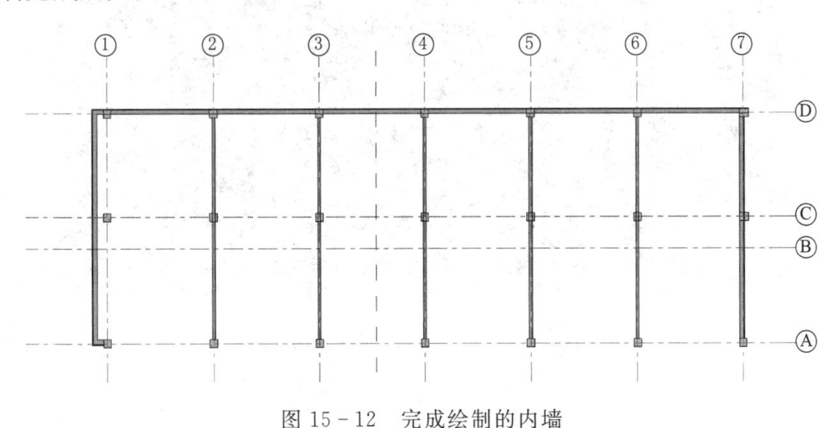

图 15-12　完成绘制的内墙

3. 幕墙。

（1）单击【建筑】→【构建】面板→【墙】按钮，单击【属性】面板中的下拉菜单，单击【幕墙】，如图 15-13 所示；单击【编辑类型】按钮，打开【类型属性】对话框，单击【复制】，命名为“M6430”，如图 15-14 所示。

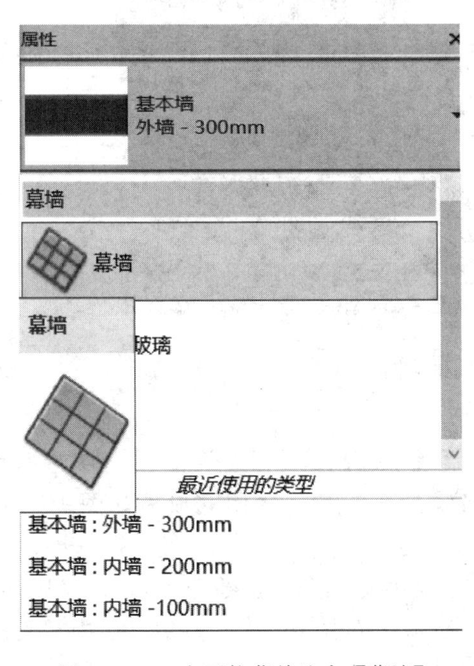

图 15-13　在下拉菜单选中【幕墙】

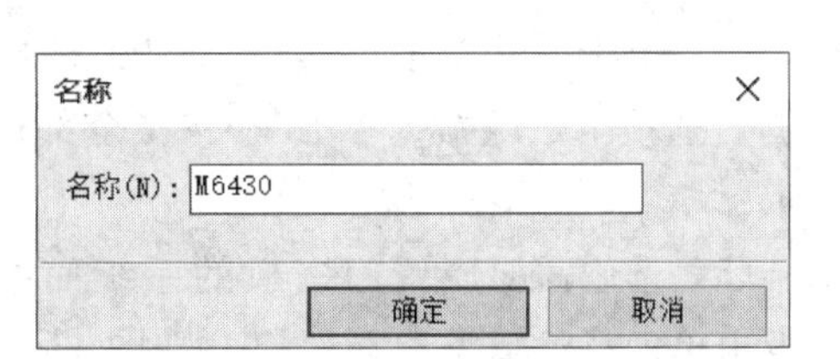

图 15-14　重命名族类型

(2) 在“1F”平面视图中，沿A轴绘制1~2轴之间的幕墙，设置幕墙顶部偏移为“2F－800mm”，之后转至南立面视图，并通过箭头操纵柄调整幕墙大小，如图15－15所示。

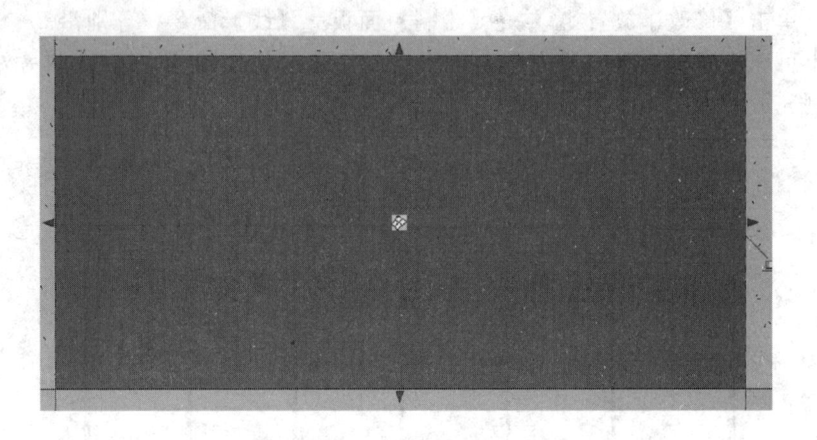

图15－15　幕墙M6430南立面

(3) 单击【建筑】菜单→【构建】面板→【幕墙网格】按钮，按M6430的尺寸绘制幕墙网格，如图15－16所示。

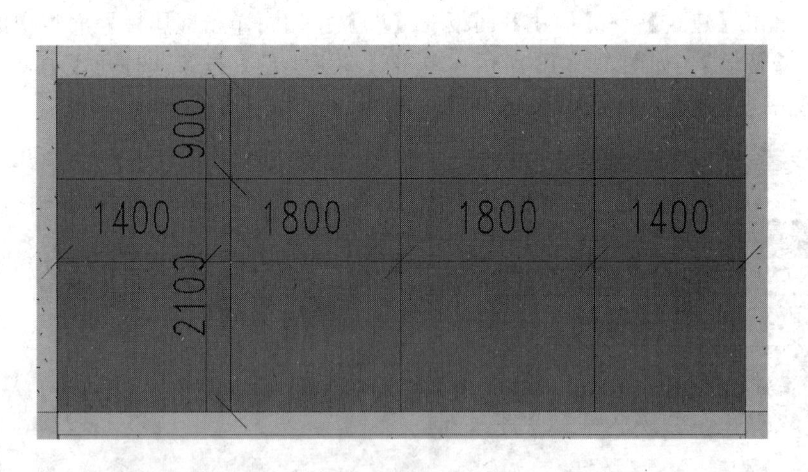

图15－16　绘制幕墙网格

(4) 单击【建筑】菜单→【构建】面板→【竖梃】按钮，单击【修改｜放置竖梃】选项卡→【放置】面板→【全部网格线】命令，绘制完成后如图15－17所示。

(5) 选中需要放置门嵌板的系统面板（可以通过【Tab】键选中），在【属性】面板中单击【编辑类型】按钮，如图15－18所示；单击【载入】按钮，选中“门嵌板_70－90系列双扇推拉铝门”族并载入，如图15－19所示。

图 15－17　全部网格线放置竖梃

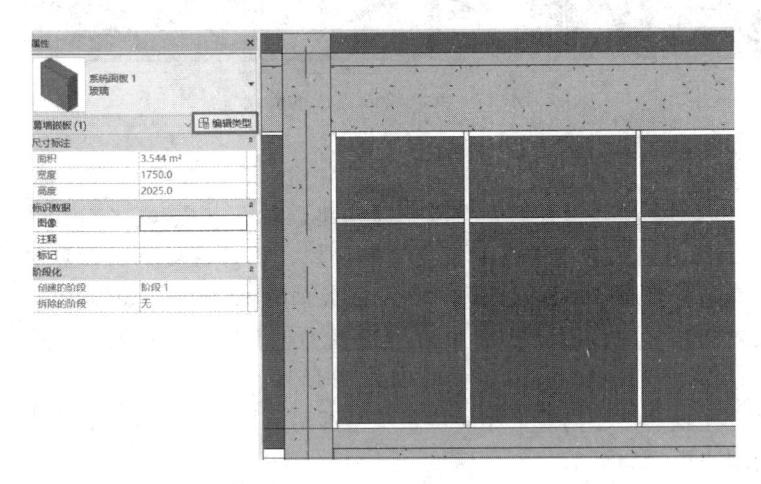

图 15－18　选中系统面板

图 15－19　门嵌板族载入

（6）运用同样的操作步骤，放置第二个门嵌板，绘制完成后如图 15－20 所示。

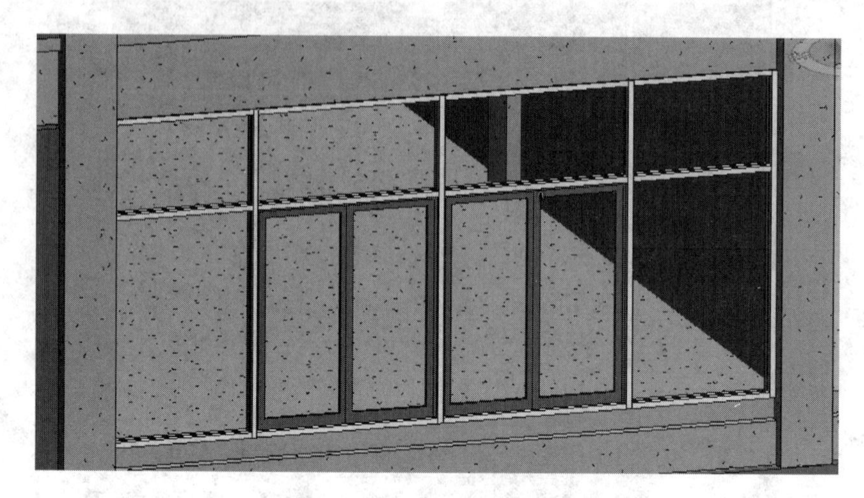

图 15－20　绘制完成的幕墙

4. 门、窗。

（1）门 M0821。单击【建筑】菜单→【构建】面板→【门】按钮或者使用快捷键【DR】，单击【属性】面板中的【编辑类型】按钮，打开【类型属性】对话框，单击【载入】，选择一种普通木制平开门——“单嵌板木门 10. rfa”，如图 15－21 所示；载入后单击【复制】，重命名为 M0821；在【编辑类型】对话框中修改门的尺寸，宽度为 800. 0mm，高度为 2100. 0mm，如图 15－22 所示。

在“2F”平面视图中内墙上相应位置单击即可完成门的绘制，按空格键可调整门的方向，绘制完成后如图 15－23 所示。

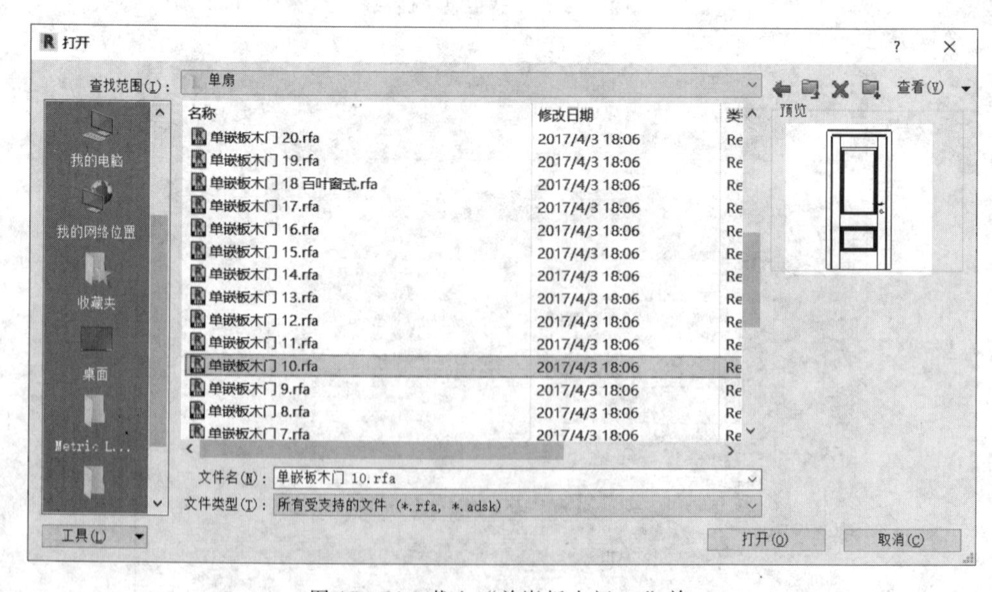

图 15－21　载入“单嵌板木门 10”族

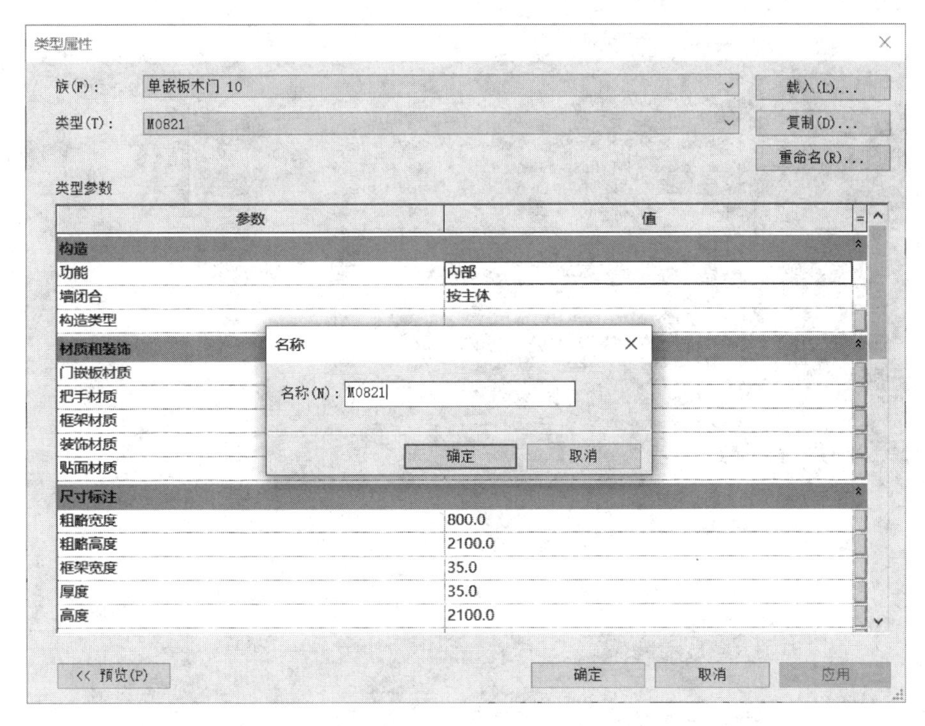

图 15－22　门 M0821【类型属性】对话框

（2）窗 C1820。单击【建筑】菜单→【构建】面板→【窗】按钮或者使用快捷键【WN】，单击【属性】面板中的【编辑类型】按钮，打开【类型属性】对话框，单击【载入】，选择一种组合窗——“组合窗-双层三列（平开＋固定＋平开）-上部双扇.rfa”，如图 15－24 所示；载入后单击【复制】，重命名为 C1820；在【编辑类型】对话框中修改窗的尺寸，宽度为 1800.0mm，高度为 2000.0mm，底高度 900.0mm，如图15－25 所示。

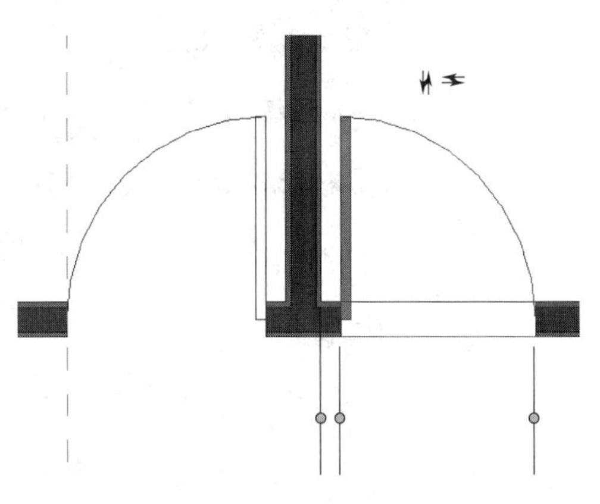

图 15－23　完成绘制的门 M0821

在“2F”平面视图中北立面 C1820 相应位置单击即可完成窗的绘制，如图15－26 所示。

（二）楼梯

打开前序实验创建的“.rvt”模型文件，在完成门、窗的创建之后，创建楼梯。单击【插入】→【导入】面板→【导入 CAD】按钮，打开【导入 CAD 格式】对话框，如图 15－27 所示。导入“2＃楼梯二层平面图”至“2F”视图并对齐轴网。

图 15 - 24　载入“组合窗”族

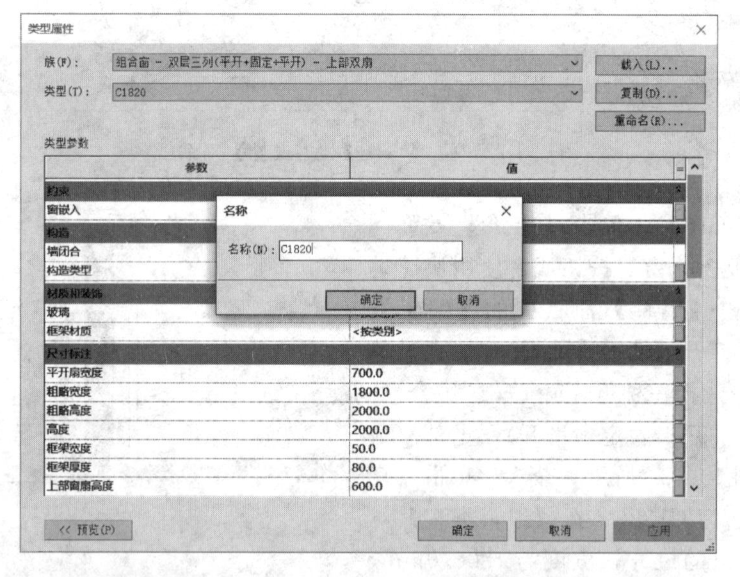

图 15 - 25　窗 C1820【类型属性】对话框

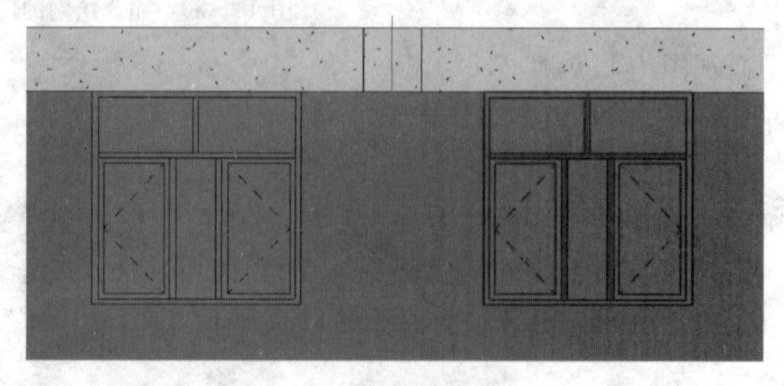

图 15 - 26　完成绘制的窗 C1820

图 15-27　【导入 CAD 格式】对话框

1. 梯柱。

(1) 单击【结构】菜单→【结构】面板→【柱】按钮，单击【属性】面板中的【编辑类型】，在打开的【类型属性】对话框中单击【载入】，选择“混凝土-矩形-柱”进行载入。单击【复制】，重命名为“TZ-1”和“TZ-2”，“尺寸标注”均为“b”=200.0mm，“h”=300.0mm，单击【确定】，如图 15-28、图 15-29 所示。

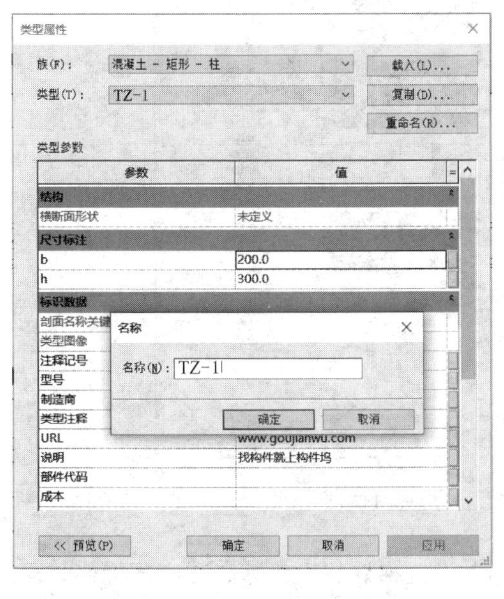

图 15-28　TZ-1 类型设置

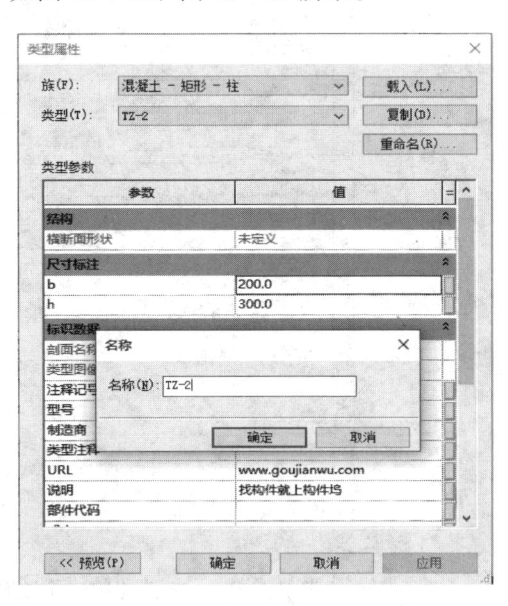

图 15-29　TZ-2 类型设置

（2）按照平面图中梯柱的位置，分别放置 TZ－1 和 TZ－2，如图 15－30 所示。

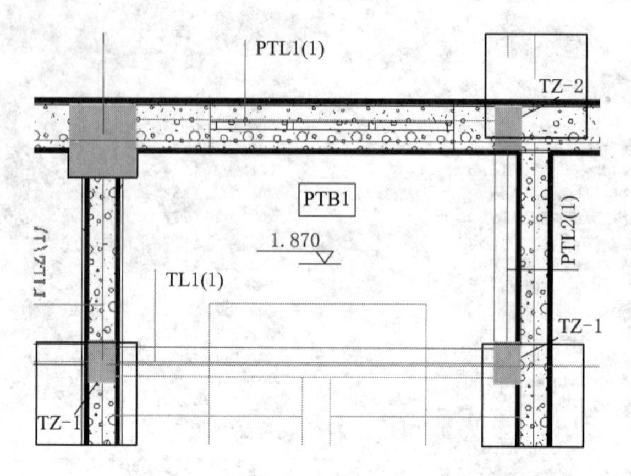

图 15－30　在相应位置处放置梯柱

（3）由于梯柱在墙中，所以可以通过隐藏墙等构件，使梯柱展示出来。切换到三维视图中，单击【视图】菜单→【图形】面板→【可见性/图形】按钮，或者使用快捷键【VV】或【VG】，在弹出的对话框中，将【模型类别】选项卡中“墙”“窗”“门”等构件前的复选框勾掉，单击【确定】，如图 15－31 所示。

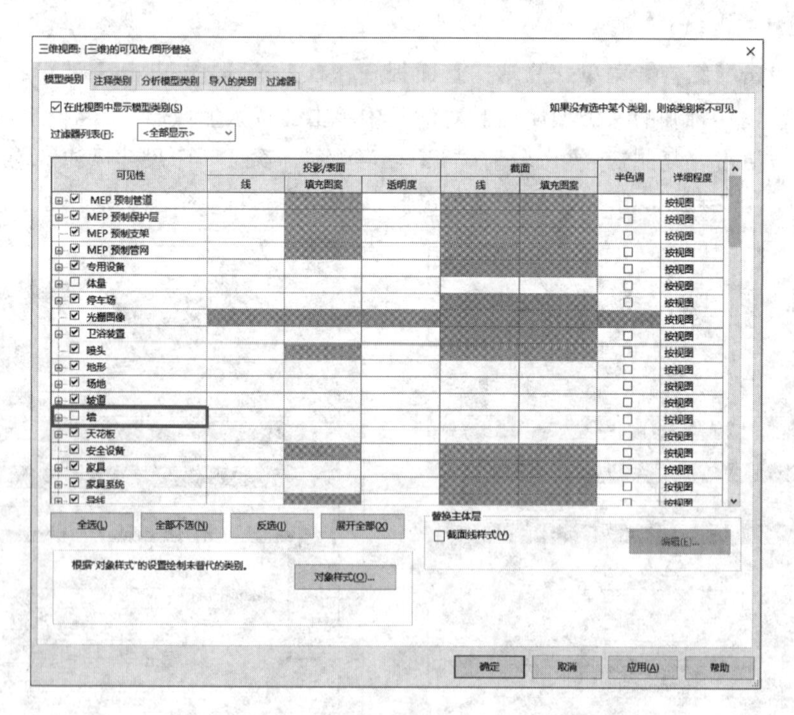

图 15－31　“三维视图”可见性对话框

（4）分别选中梯柱，按照“物业楼结构图”设置梯柱的顶部标高和底部标高，属性设置如图 15－32 所示。

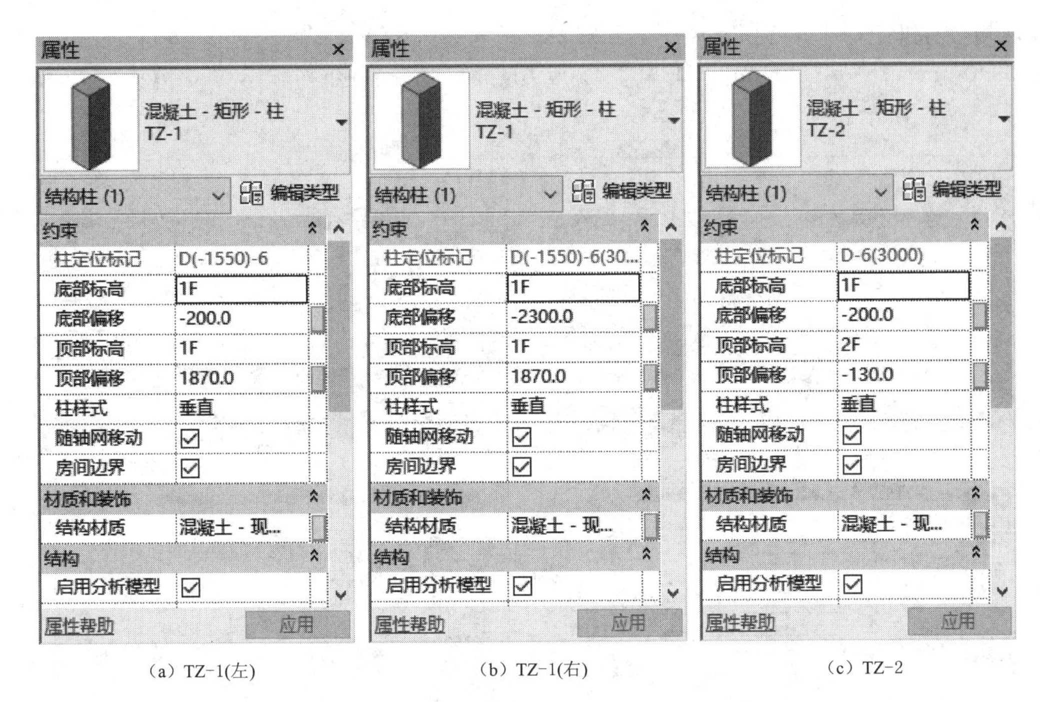

(a) TZ-1(左)　　(b) TZ-1(右)　　(c) TZ-2

图 15－32　梯柱顶部标高和底部标高属性设置

(5) 在“TZ－1”底部绘制独立基础。选用“基脚-矩形”基础族，设置梯柱基础的类型属性，如图 15－33 所示。绘制完成后如图 15－34 所示。

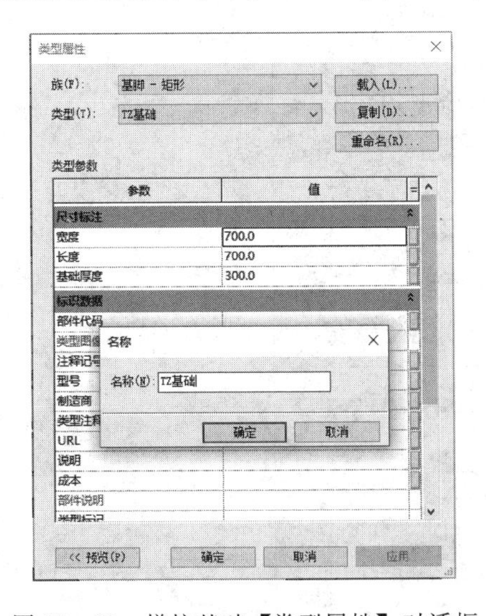

图 15－33　梯柱基础【类型属性】对话框

图 15－34　完成绘制的梯柱

2. 梯梁。

(1) 单击【结构】菜单→【结构】面板→【梁】按钮，单击【属性】面板中的【编辑类型】，在打开的【类型属性】对话框中单击【复制】，重命名为“PTL1”

"PTL2"和"TL1"，"尺寸标注"分别为"b"=200.0mm、"h"=500.0mm"，"b"=200.0mm、"h"=400.0mm 和"b"=200.0mm、"h"=400.0mm，单击【确定】，如图 15-35 所示。

(a) PTL1

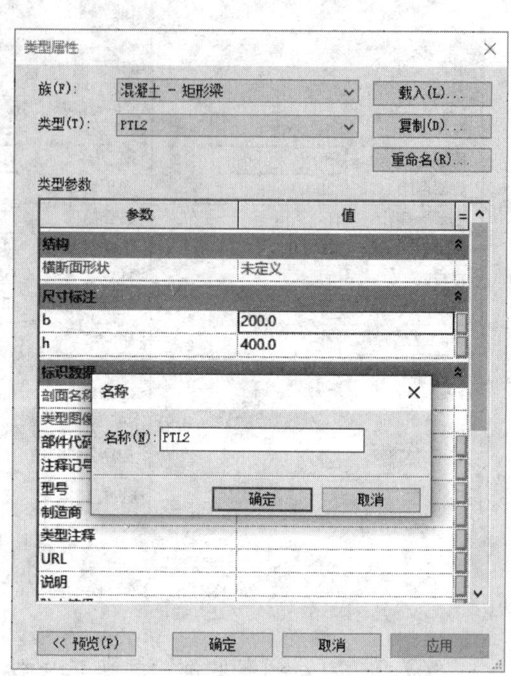

(b) PTL2

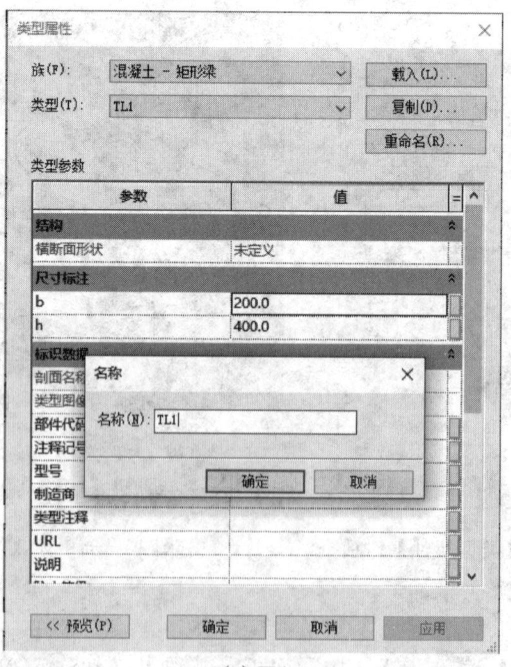

(c) TL1

图 15-35 分别设置楼梯梁属性

（2）按照“物业楼结构图”中梯梁的位置和标高，分别放置 PTL1、PTL2 和 TL1，绘制完成后如图 15－36 所示。

图 15－36　完成绘制的楼梯梁

3. 楼梯。

（1）单击【建筑】菜单→【工作平面】面板→【参照平面】按钮或者使用快捷键【RP】，沿楼梯每一踏步处绘制参照平面，可使用“复制”或者“阵列”命令，如图 15－37 所示。

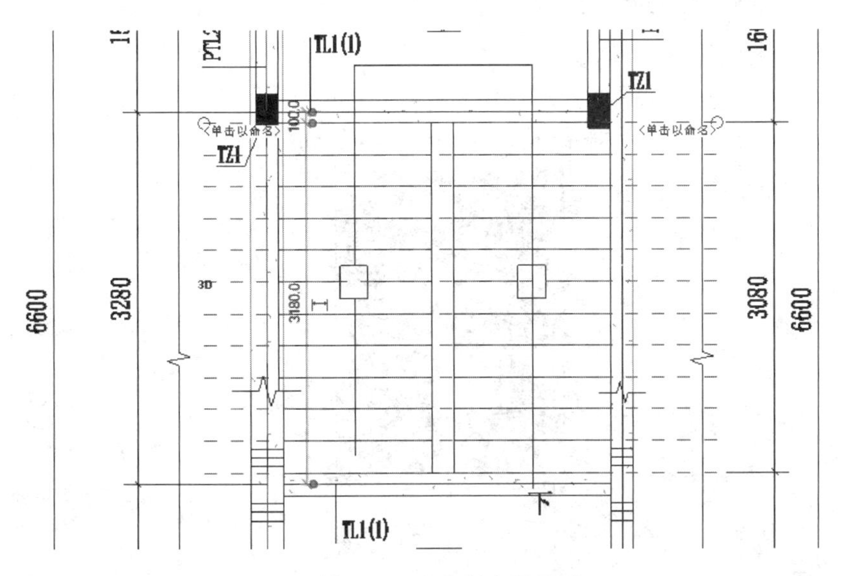

图 15－37　绘制参照平面

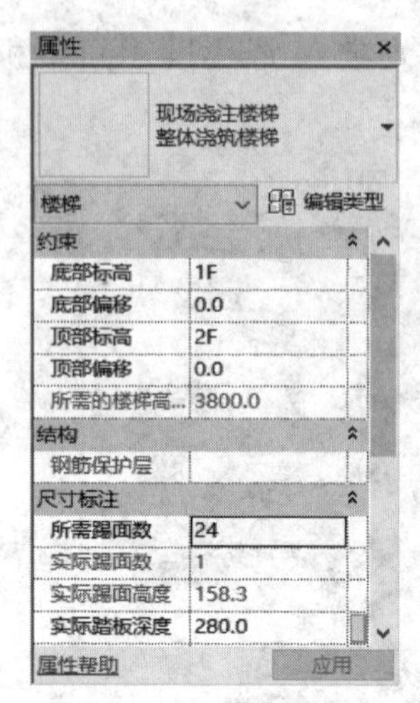

图 15-38　2 号楼梯属性设置

（2）单击【建筑】菜单→【楼梯坡道】面板→【楼梯】按钮，选择“现场浇注楼梯”，设置绘制“定位线”为“梯段：右”，实际梯段宽度为“1400.0”，勾选“自动平台”，定位线: 梯段: 右 偏移: 0.0 实际梯段宽度: 1400.0 ☑自动平台；设置【属性】面板中的参数，从“1F”至“2F”，踢面数为“24”，踏板深度为“280.0”，如图 15-38 所示。

（3）依次单击左侧梯段的底部①→左侧梯段的顶部②→右侧梯段底部③→右侧梯段顶部④，完成绘制，如图 15-39 所示。

（4）单击【修改 | 创建楼梯】菜单→【模式】面板→✔按钮，完成楼梯编辑，平面图和三维图如图 15-40、图 15-41 所示。

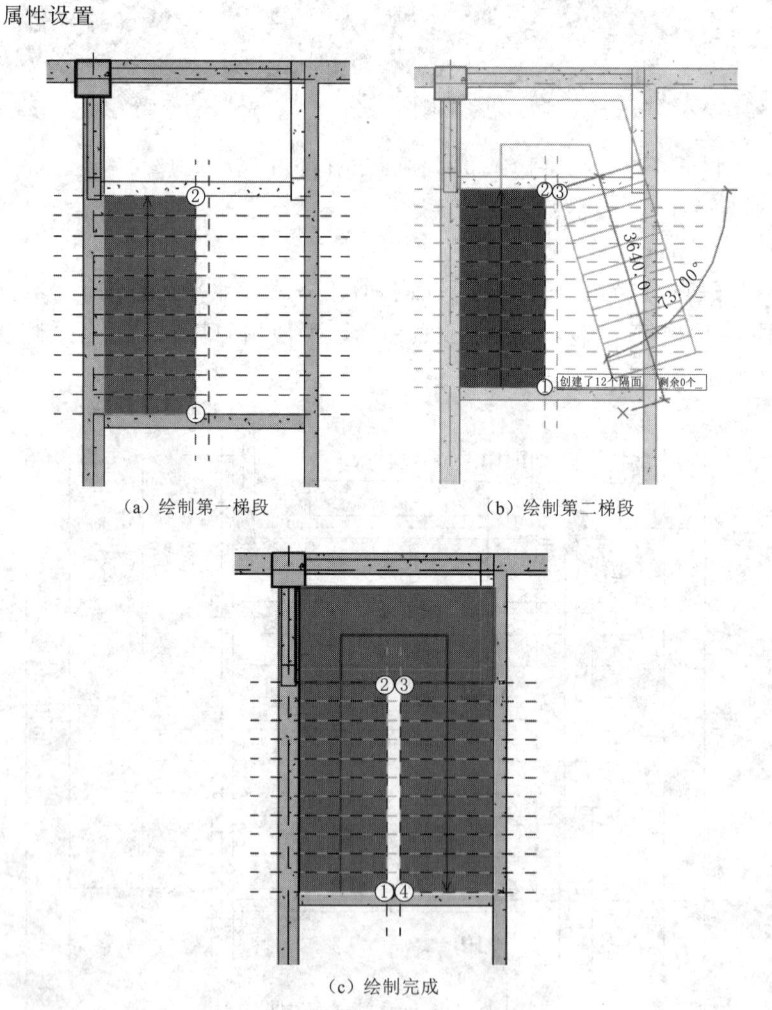

（a）绘制第一梯段　（b）绘制第二梯段

（c）绘制完成

图 15-39　梯段绘制步骤

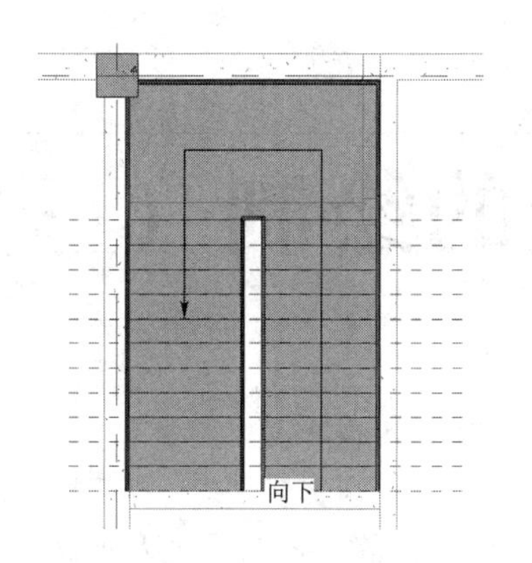

图 15-40　楼梯平面视图

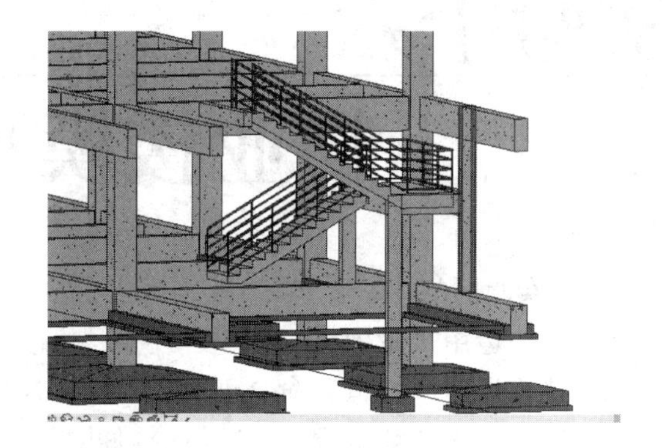

图 15-41　楼梯三维视图（隐藏部分构件）

实验十六

物业楼模型的绘制（三）

一、实验目的

1. 熟练运用“轮廓族”创建、设置、修改室外台阶、外墙散水。

2. 熟练运用“坡道”命令创建、设置室外坡道。

3. 熟练运用“地形表面”“场地构件”等命令创建、设置、修改场地及道路、树木等构件。

二、实验内容

1. 根据工程图纸创建建筑物南立面室外台阶和北立面入口处的室外台阶。

2. 根据工程图纸创建建筑物北立面外墙散水。

3. 根据工程图纸创建建筑物东侧的坡道。

4. 根据建筑物占地面积，设计场地情况，包括道路、树木等构件。

三、实验步骤

（一）室外台阶

资源 16
实验十六的
实验步骤

1. 打开实验十五存盘后的“物业楼 . rvt”文件。

2. 单击【插入】→【导入】面板→【导入 CAD】按钮，打开【导入 CAD 格式】对话框，如图 16 - 1 所示。导入“一层平面图”至“1F”视图并对齐轴网。

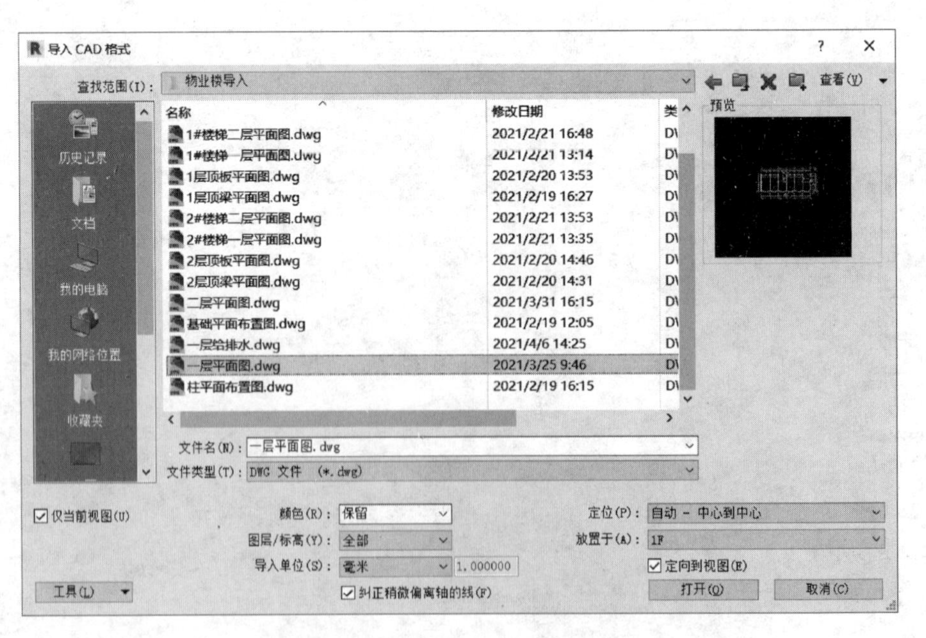

图 16 - 1 【导入 CAD 格式】对话框

3. 创建南立面室外台阶。

（1）单击【建筑】→【构建】面板→【楼板】→【楼板：建筑】按钮，单击【属性】面板中的【编辑类型】按钮，打开【类型属性】对话框，单击【复制】按钮，重命名为“室外台阶-南”，如图 16－2 所示；单击【编辑】按钮，打开【编辑部件】对话框，设置厚度为 150.0mm，如图 16－3 所示；单击材质栏的按钮，打开【材质浏览器】对话框，搜索“大理石”，并将其添加为文档材质，如图 16－4 所示；连续单击【确定】三次。

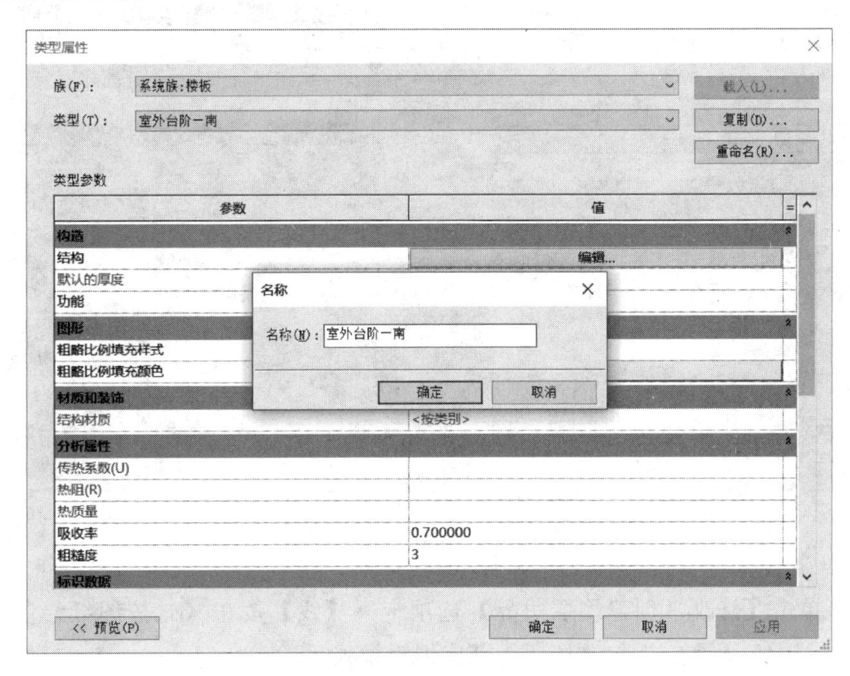

图 16－2　【类型属性】对话框

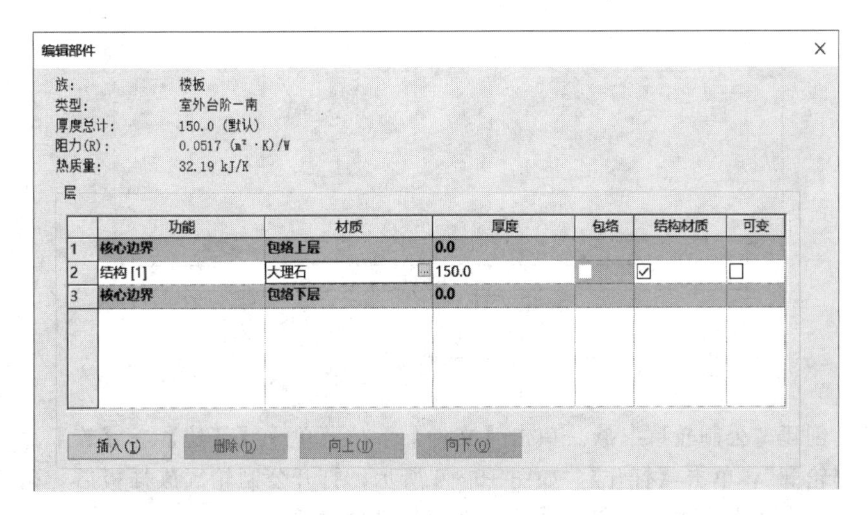

图 16－3　【编辑部件】对话框

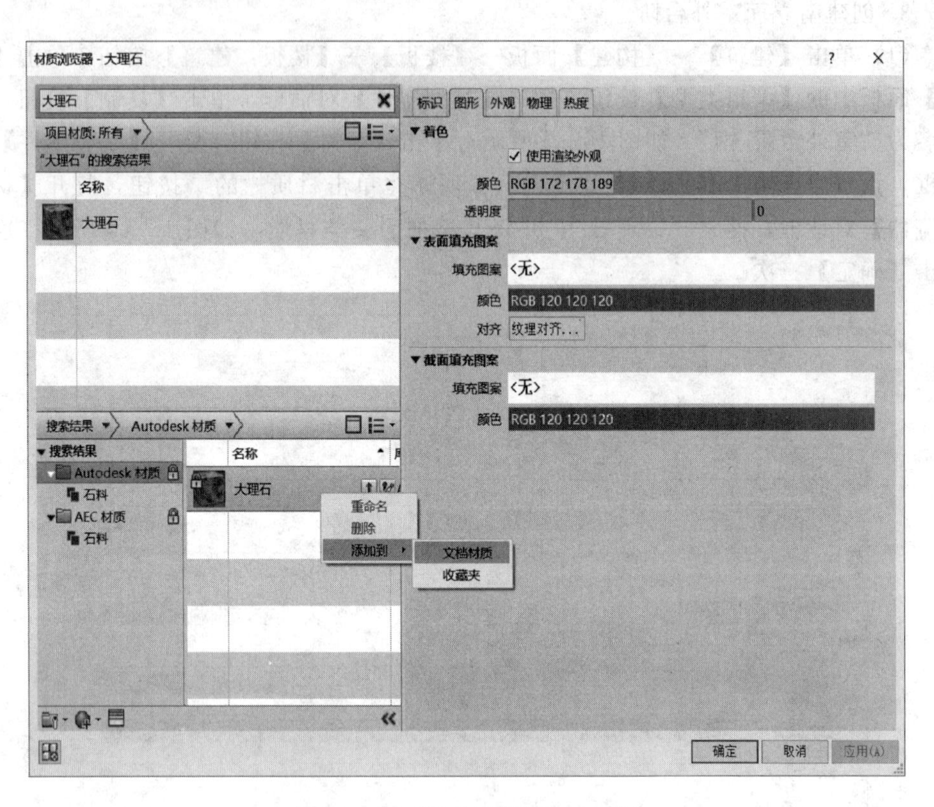

图 16－4　【材质浏览器】对话框

（2）单击【修改｜创建楼层边界】选项卡→【线】按钮，按图纸绘制室外台阶，如图 16－5 所示；单击按钮，完成编辑模式。

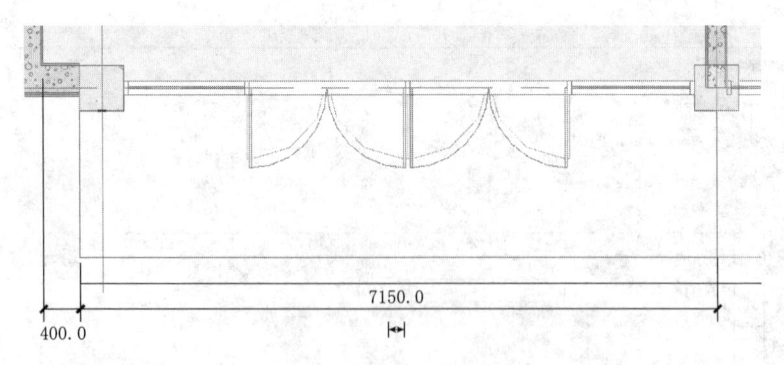

图 16－5　绘制南立面室外台阶

（3）创建"公制轮廓"族。单击【文件】下拉菜单→【新建】→【族】命令，选择"公制轮廓"，单击【打开】，如图 16－6 所示；打开公制轮廓族样板后，是两条虚线相交，交点所在位置就是室外台阶上平面外缘的位置，如图 16－7 所示。

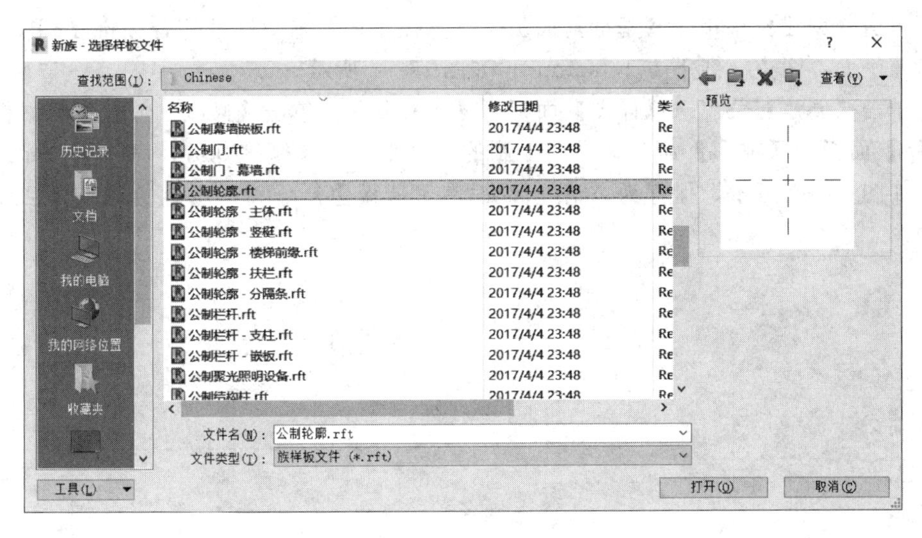

图 16－6　新建“公制轮廓”族

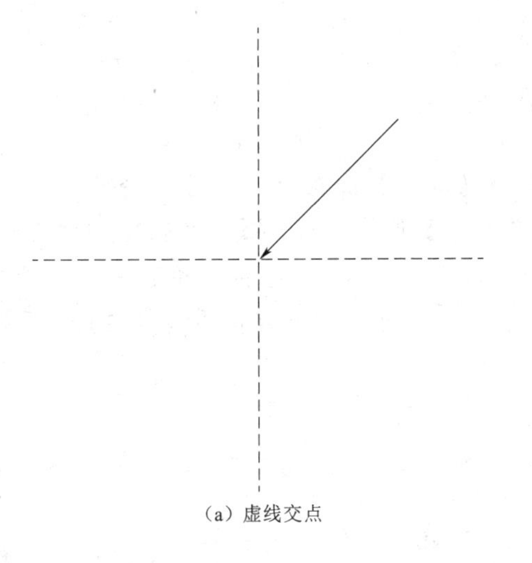

（a）虚线交点

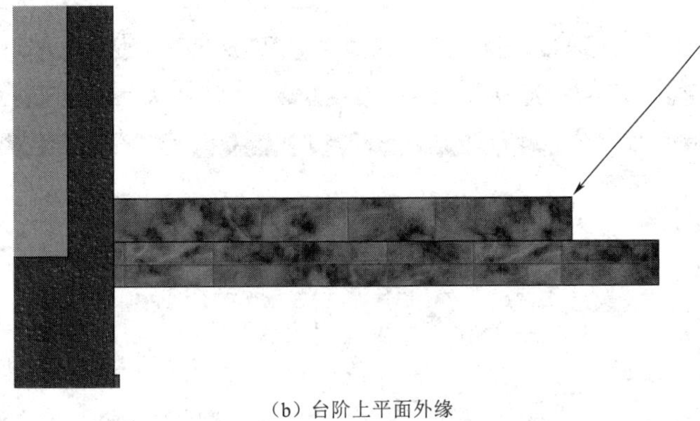

（b）台阶上平面外缘

图 16－7　公制轮廓中心对应位置

单击【创建】菜单→【基准】面板→【参照平面】命令或使用快捷键【RP】，创建参照平面，距中心线下方150.0mm，如图16-8所示。

单击【创建】菜单→【详图】面板→【线】命令，单击【修改｜放置线】面板→【绘制】面板→【矩形】命令，沿新绘制的参照平面绘制宽300mm、高150mm的矩形，如图16-9所示，保存为“室外台阶-南（楼板边）.rfa”，并将族载入到活动项目中。

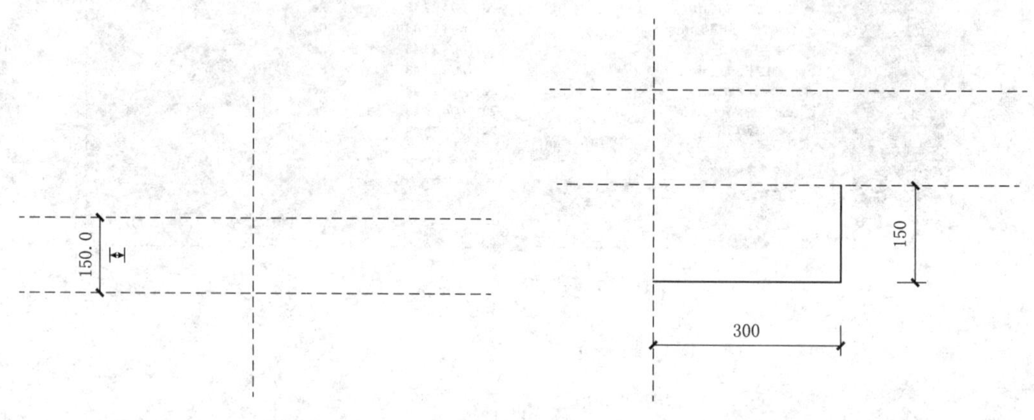

图16-8　设置参照平面　　　图16-9　轮廓族——室外台阶-南（楼板边）

（4）单击【建筑】→【构建】面板→【楼板】→【楼板：楼板边】按钮，单击【属性】面板中的【编辑类型】按钮，打开【类型属性】对话框，单击【复制】按钮，重命名为“室外台阶-南（楼板边）”；轮廓选择上一步创建的轮廓族“室外台阶-南（楼板边）”，如图16-10所示；打开【材质浏览器】对话框，选择“大理石”材质，如图16-11所示。

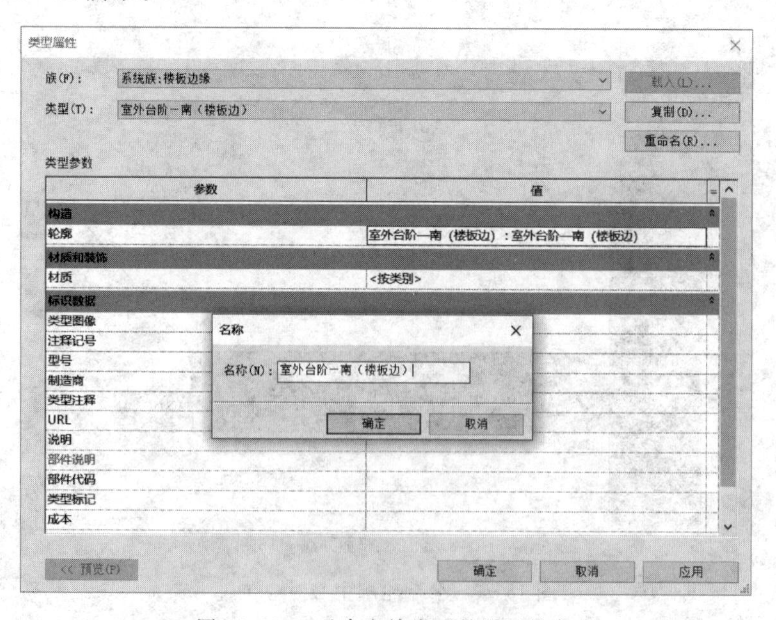

图16-10　重命名族类型并设置轮廓

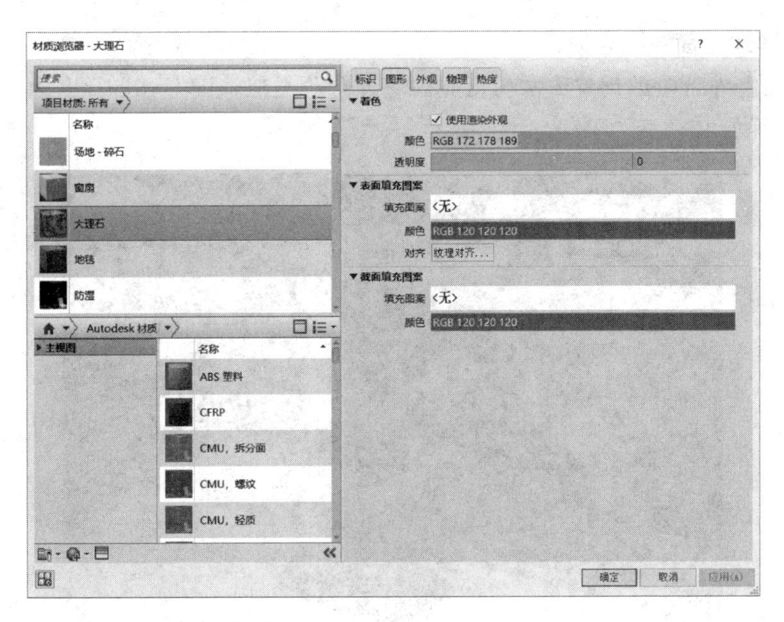

图 16－11　设置楼板边材质

（5）拾取室外台阶上平面外缘，绘制南立面室外台阶，如图 16－12、图 16－13 所示。

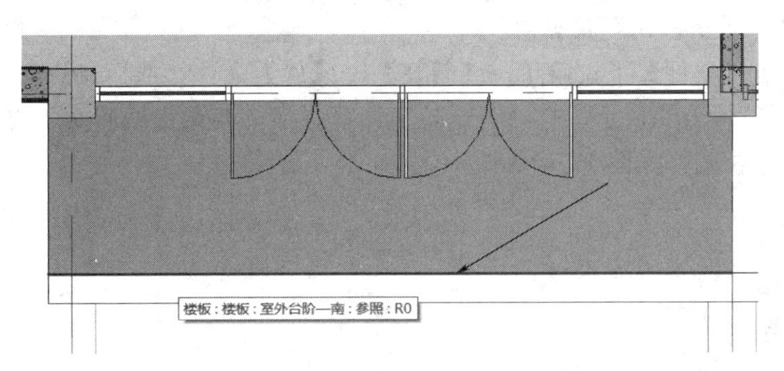

图 16－12　拾取室外台阶上平面外缘

图 16－13　南立面室外台阶绘制完成后的三维视图

4. 创建北立面室外台阶。

北立面室外台阶的创建方法与南立面室外台阶类似，读者可自行完成，完成后如图 16－14 所示。

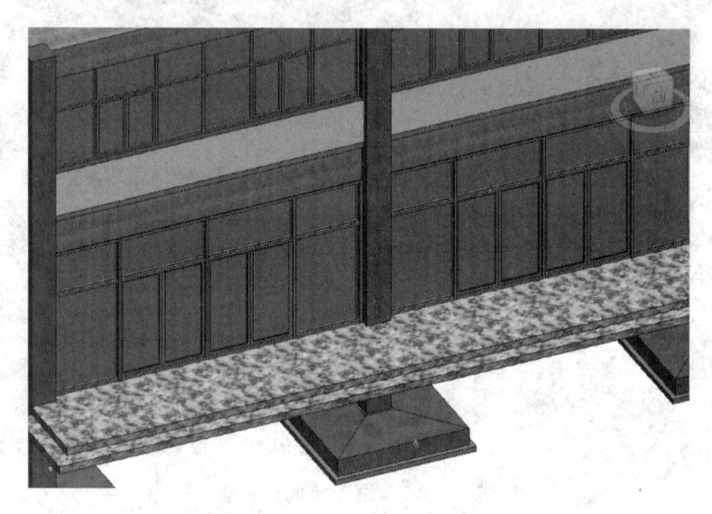

图 16－14 北立面室外台阶

（二）外墙散水

1. 创建“外墙散水”轮廓族。

（1）单击【文件】下拉菜单→【新建】→【族】命令，选择“公制轮廓”，单击【确定】，如图 16－15 所示；打开公制轮廓族样板后，两条虚线相交，交点所在位置就是外墙墙角位置，如图 16－16 所示。

图 16－15 新建公制轮廓族

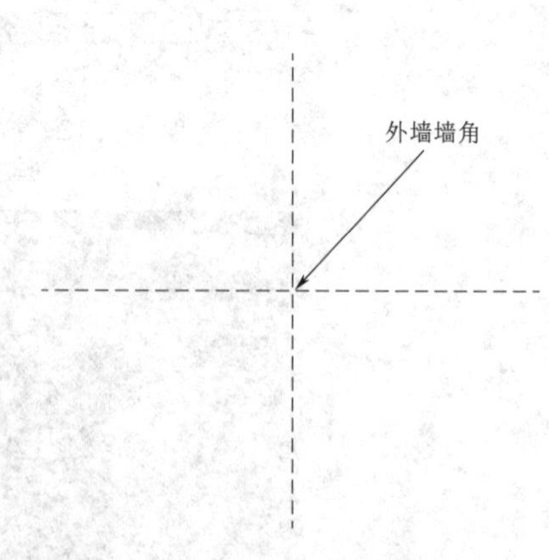

图 16－16 虚线交点对应位置

（2）单击【创建】菜单→【详图】面板→【线】命令，单击【修改｜放置线】面板→【绘制】面板→【线】命令，绘制的外墙散水的轮廓，如图 16－17 所示，保存为“外墙散水.rfa”，并将族载入到活动项目中。

2. 在立面或者三维视图中，单击【建筑】→【构建】面板→【墙】→【墙：饰条】按钮，单击【属性】面板中的【编辑类型】按钮，打开【类型属性】对话框，单击【复制】按钮，重命名为“外墙散水”，轮廓设置为上一步创建的“外墙散水”，如图 16－18 所示；单击材质栏的按钮，打开【材质浏览器】对话框，选择“混凝土-沙/水泥找平”材质，如图 16－19 所示。

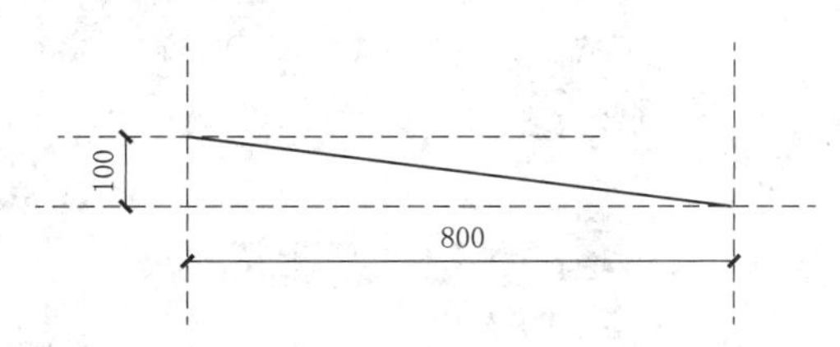

图 16－17　外墙散水轮廓族

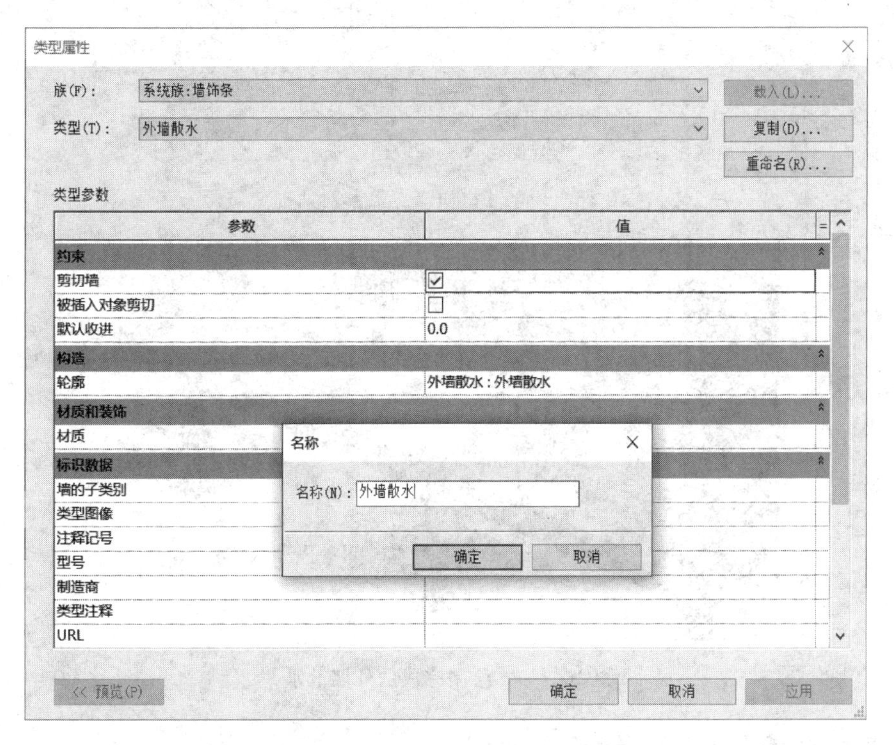

图 16－18　【类型属性】对话框

3. 拾取北立面外墙下沿，绘制外墙散水，如图 16－20 所示。

（三）坡道

1. 打开实验十六存盘后的“物业楼.rvt”文件，并转到“1F”视图。

2. 单击【建筑】→【楼梯坡道】面板→【坡道】按钮，对【属性】面板进行设置，底部标高为“1F”，向下偏移 300.0mm，顶部标高为“2F”，坡道宽度为 1400.0mm，如图 16－21 所示。

3. 单击【属性】面板中的【编辑类型】按钮，打开【类型属性】对话框，单击【复制】，命名为“东侧坡道”，如图 16－22 所示。

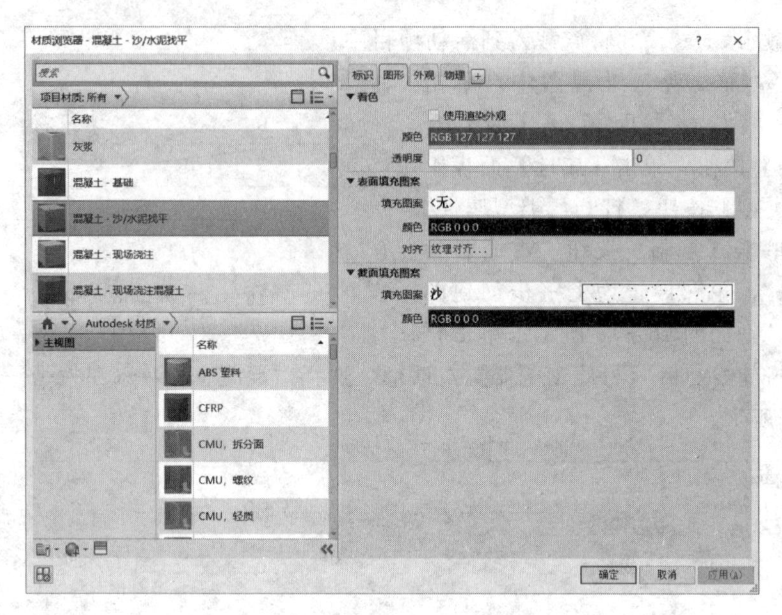

图 16－19　【材质浏览器】对话框

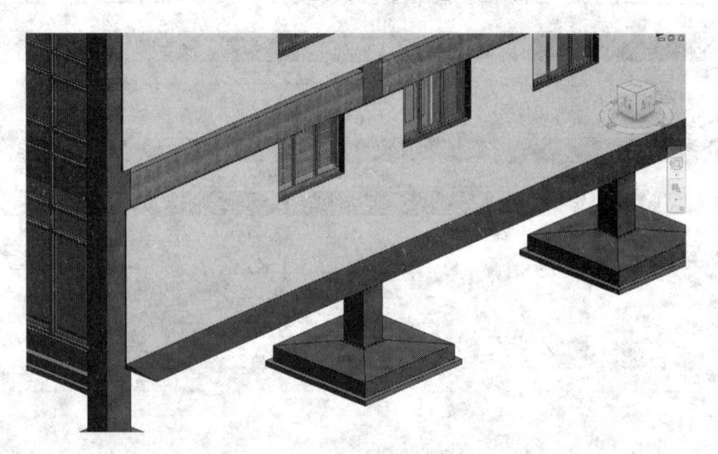

图 16－20　绘制完成的外墙散水

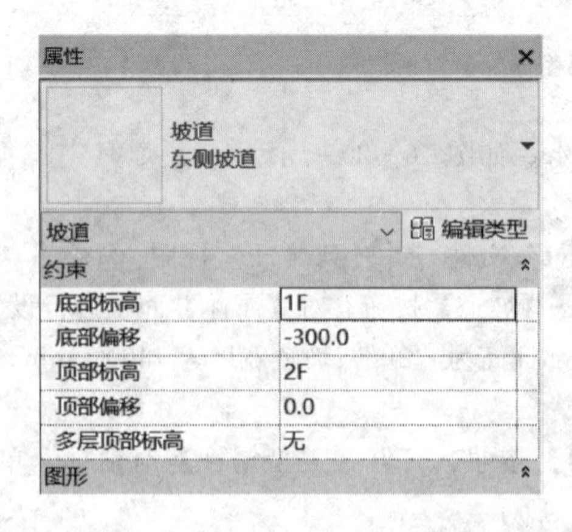

图 16－21　坡道【属性】面板

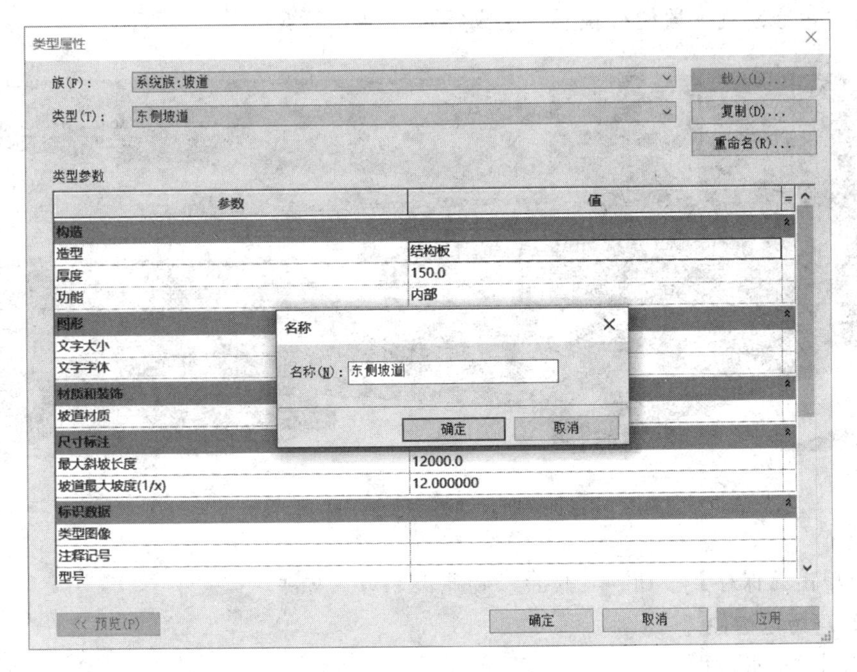

图 16－22　坡道【类型属性】对话框

4. 单击【修改 | 创建坡道草图】选项卡→【绘制】面板→【梯段】→【线】命令，沿坡道中心线位置从底到顶绘制坡道，完成后单击，如图 16－23 所示。

5. 单击【建筑】→【楼梯坡道】面板→【栏杆扶手】→【绘制路径】按钮，沿

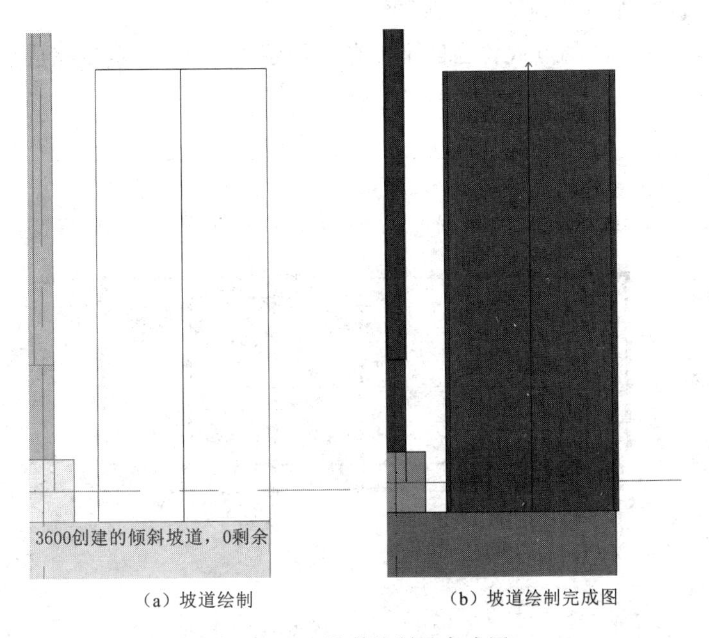

(a) 坡道绘制　　(b) 坡道绘制完成图

图 16－23　坡道绘制及完成图

室外台阶边缘绘制一段栏杆扶手，完成后如图 16－24 所示。

图 16－24　完成绘制的东侧坡道

6. 单击【保存】按钮，保存“物业楼 . rvt”文件。

（四）场地构件

1. 创建地形表面。

（1）单击【体量与场地】→【场地建模】面板→【地形表面】按钮，在平面视图中系统会提示“图元不可见”，可以在三维视图中操作或者关闭提示。单击【修改｜编辑表面】→【工具】面板→【放置点】按钮，高程设置为“绝对高程：－300.0”，如图 16－25 所示。

图 16－25　设置场地高程

（2）在建筑物外围绘制四个参照平面，将“地形表面”的端点放置在四个交点上如图 16－26 所示。完成后单击，如图 16－27 所示。

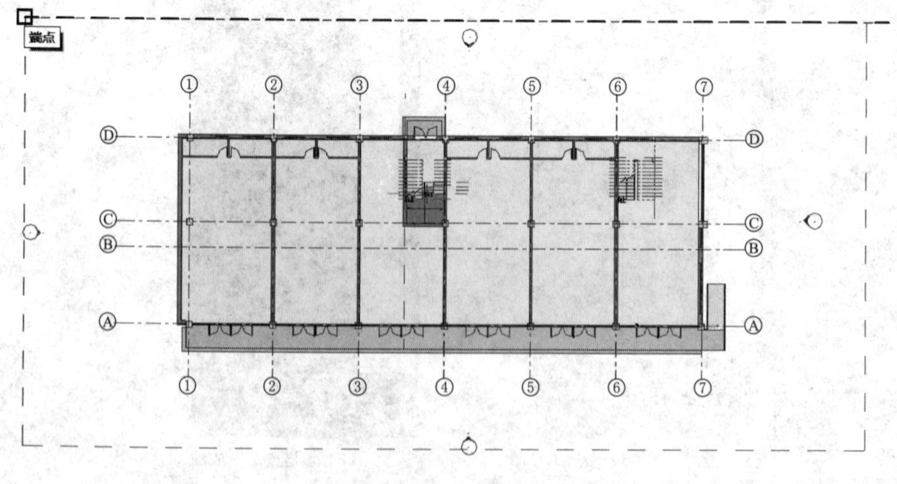

图 16－26　放置点

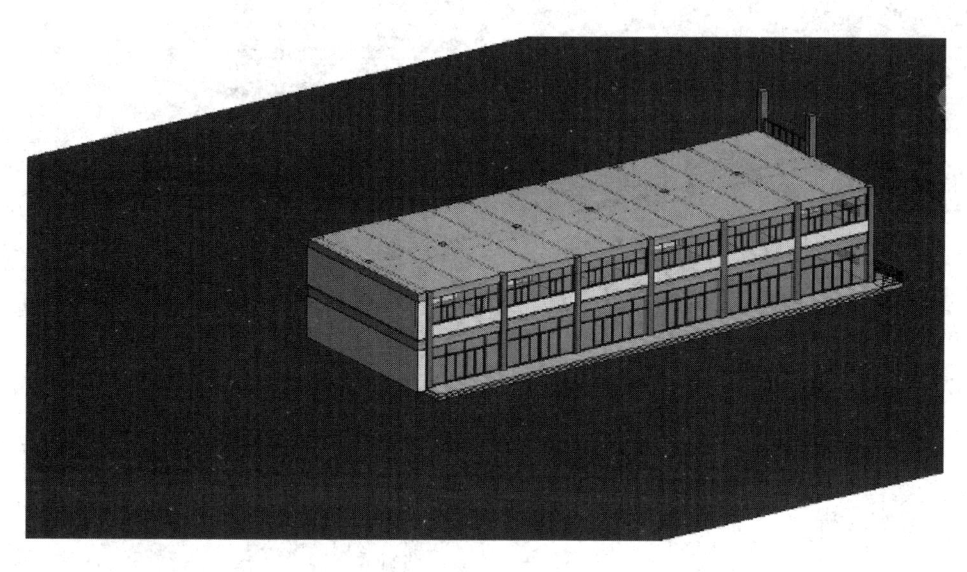

图 16-27 创建完成的地形表面

2. 创建道路。单击【体量与场地】→【修改场地】面板→【子面域】按钮，在平面视图中绘制道路的轮廓，如图 16-28 所示；在【属性】面板中设置“道路”的材质，打开【材质浏览器-沥青】对话框，编辑颜色为浅灰色，如图 16-29 所示；完成后单击，如图 16-30 所示。

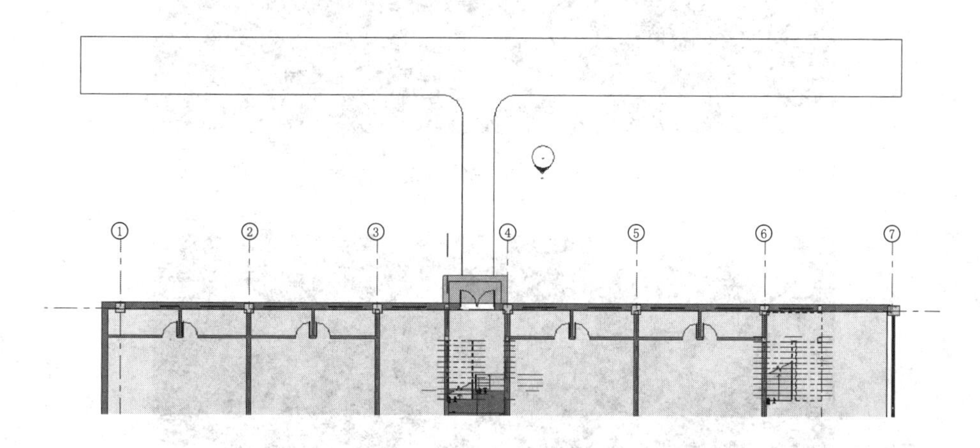

图 16-28 绘制道路

3. 创建树木、车辆等构件。单击【体量与场地】→【场地建模】面板→【场地构件】按钮，单击【修改 | 场地构件】→【模式】面板→载入族按钮，在族库中选择树木、汽车、自行车等构件，直接放置在场地相应位置上，如图 16-31 所示。

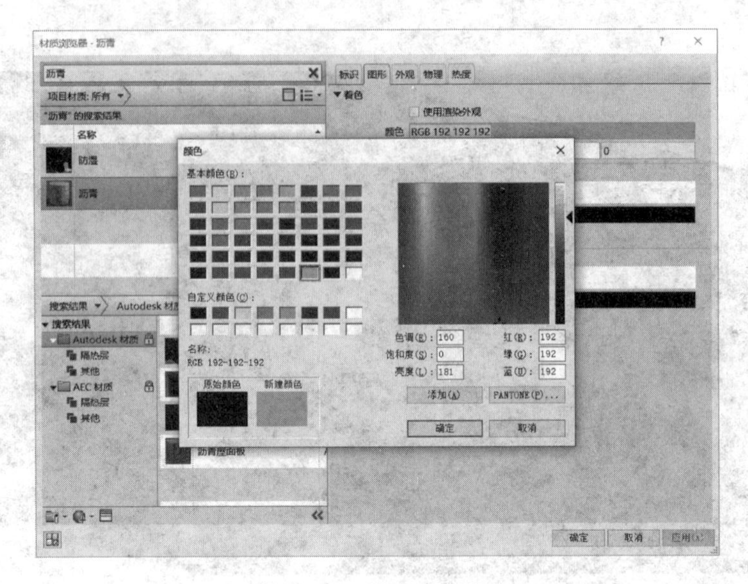

图 16－29　设置道路材质

图 16－30　完成绘制的道路

图 16－31　完成创建的树木、汽车、自行车等场地构件

实验十七

创建水工族

水利工程与建筑工程相比，结构复杂且不规则，在 Revit 软件中没有提供现成的水工结构构件，需要利用其“族”功能在建立构件族或族库的基础上创建三维模型。

本实验利用介绍的创建族的命令在实验五 U 形渡槽横断面图的基础上创建 16m 跨的渡槽槽身三维模型。具体创建步骤如下：

1. 打开 Revit 软件，选择【新建】→【族】，并选择“公制常规模型”作为模板文件。

2. 在族编辑窗口中将视图切换到前立面，利用拉伸命令在绘制槽身横断面图的基础上创建槽身族，如图 17 - 1 所示。也可以在族编辑器中利用【插入】→【导入】→【导入 CAD】的方式将已完成的槽身横断面图导入到前立面，再利用拉伸命令后结合捕捉命令来描绘断面图。

资源 17
创建水工族

3. 用同步骤 2 的方法，创建拉杆族，如图 17 - 2 所示。

图 17 - 1　槽身族

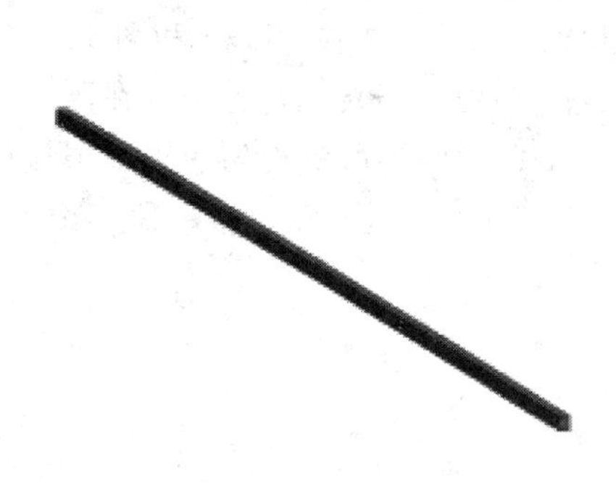

图 17 - 2　拉杆族

4. 新建项目文件“渡槽模型”，在南立面上创建标高，如图 17 - 3 所示；在槽身底高程平面创建轴网，如图 17 - 4 所示。

图 17 - 3　创建槽身标高

图 17-4 创建槽身轴网

5. 选择【插入】→【载入族】，将槽身族和拉杆族加入到项目文件中。

6. 在项目浏览器中查找【族】→【公制常规模型】中的【槽身族】，在三维视图中采用拖拽的方式调用族文件。分别在立面视图和平面视图中移动槽身位置与相应标高和轴网对齐，如图 17-5 和图 17-6 所示。

7. 调用拉杆族，并进一步在平面和立面上调整拉杆位置，如图 17-7 所示。

8. 利用阵列命令均匀布置 9 根拉杆。最后形成的渡槽槽身模型如图 17-8 所示。

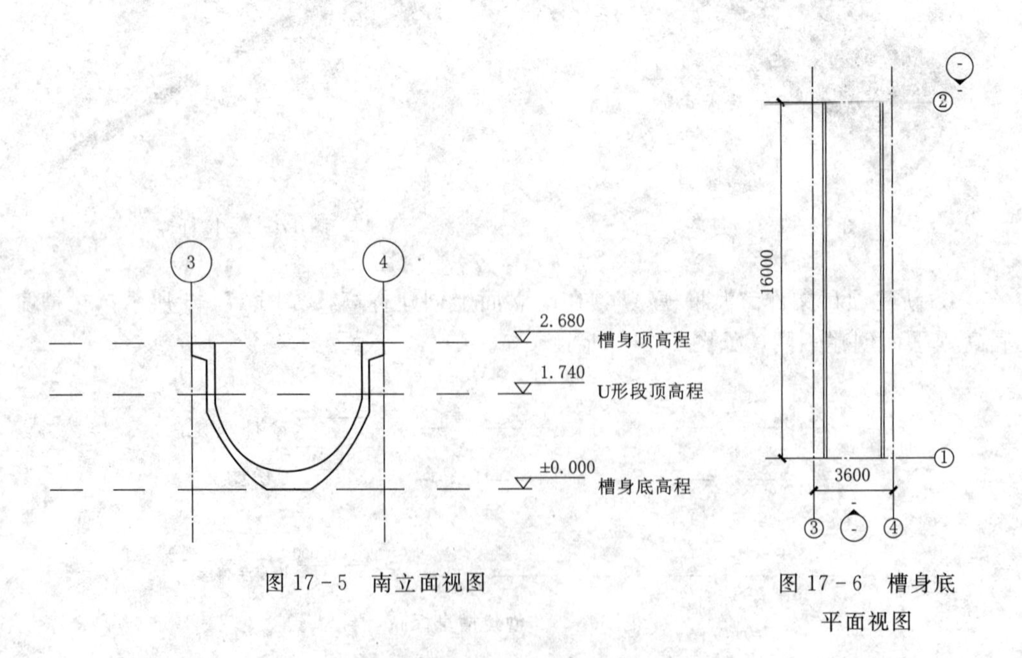

图 17-5 南立面视图

图 17-6 槽身底平面视图

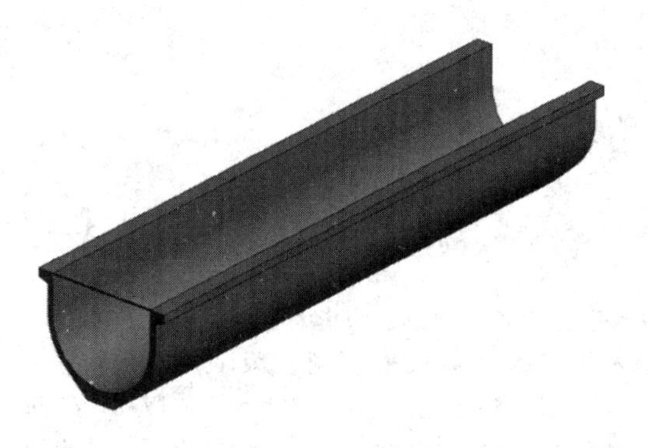

图 17-7　槽身和拉杆三维视图

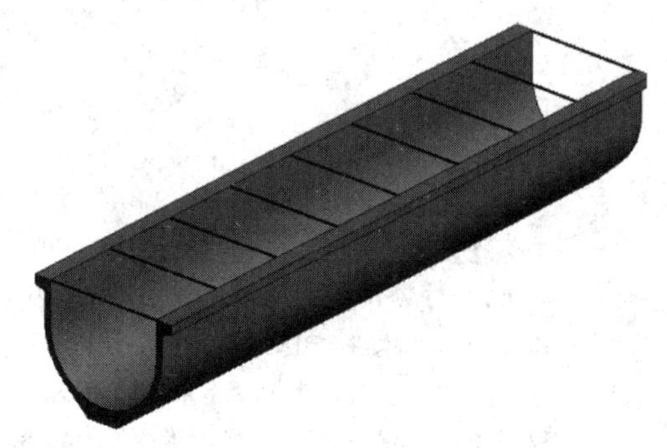

图 17-8　槽身模型

参 考 文 献

[1] 于奕峰，杨松林. 工程 CAD 基础与应用 [M]. 北京：化学工业出版社，2017.
[2] 何凤，梁瑛. 中文版 Revit 2018 完全实战技术手册 [M]. 北京：清华大学出版社，2018.
[3] 陆泽荣，叶雄进. BIM 建模应用技术 [M]. 2 版. 北京：中国建筑工业出版社，2018.
[4] 王立峰，王彦惠，张梅. 计算机辅助设计：AutoCAD [M]. 北京：中国水利水电出版社，2009.
[5] 程绪琦，王建华，张文杰，等. AutoCAD 2018 中文版标准教材 [M]. 北京：电子工业出版社，2018.
[6] 李善锋，姜东华，姜勇. AutoCAD 应用教程 [M]. 2 版. 北京：人民邮电出版社，2013.
[7] 胡仁喜，解江坤. 详解 AutoCAD 2018 标准教程 [M]. 5 版. 北京：电子工业出版社，2018.
[8] CAD/CAM/CAE 技术联盟. AutoCAD 2018 中文版从入门到精通：标准版 [M]. 北京：清华大学出版社，2018.
[9] 刘欣，亓爽. CAD \ BIM 技术与应用 [M]. 北京：北京理工大学出版社，2021.
[10] 晏孝才，黄宏亮. 水利工程 CAD [M]. 武汉：华中科技大学出版社，2013.
[11] 陈敏林，余明辉，宋维胜. 水利水电工程 CAD 技术 [M]. 武汉：武汉大学出版社，2004.